生物数学丛书 6

阶段结构种群生物模型与研究

刘胜强　陈兰荪　著

科学出版社

北京

内 容 简 介

本书系统介绍了基本阶段结构模型、复杂环境下的单种群阶段结构模型、阶段结构的种群竞争模型、资源-消费者系统、具有空间扩散的阶段结构模型等方面的研究以及其他一些新型阶段结构模型方面所取得的主要成果等. 本书的特点是注重对数学模型相应的生物背景及其建模方法的介绍，注重分析数学模型和数值分析结果在理论和生物上的意义.

本书可供从事理论生物学、理论流行病学研究者，具有一定数学基础的生态学研究工作者以及应用数学研究工作者阅读，也可供生物数学方向的研究生和从事相关研究工作的人员学习、参考，其中部分内容也可作为有关专业高年级本科生的选修教材.

图书在版编目(CIP)数据

阶段结构种群生物模型与研究/刘胜强，陈兰荪著. —北京：科学出版社，2010

(生物数学丛书；6)

ISBN 978-7-03-028195-1

I. 阶… II. ①刘… ②陈… III. 种群—生物模型—系统分析 IV. Q141

中国版本图书馆 CIP 数据核字(2010) 第 126007 号

责任编辑：陈玉琢 杨 然／责任校对：陈玉凤
责任印制：徐晓晨／封面设计：王 浩

科 学 出 版 社 出版
北京东黄城根北街16号
邮政编码：100717
http://www.sciencep.com

北京厚诚则铭印刷科技有限公司 印刷
科学出版社发行 各地新华书店经销
*

2010 年 7 月第 一 版 开本：B5(720×1000)
2021 年 5 月第三次印刷 印张：10
字数：186 000

定价：**68.00 元**
(如有印装质量问题，我社负责调换)

《生物数学丛书》序

  传统的概念: 数学、物理、化学、生物学, 人们都认定是独立的学科. 然而, 从 20 世纪后半叶开始, 这些学科间的相互渗透、许多边缘性学科的产生, 使得各学科之间的分界渐渐变得模糊了, 学科的交叉更有利于各学科的发展, 正是在这个时候, 数学与计算机科学结合逐渐地形成生物现象 —— 建模和模式识别. 特别是在分析人类基因组项目等这类拥有大量数据的研究中, 数学与计算机科学成为必不可少的工具. 迄今, 生命科学领域中的每一项重要进展, 几乎都离不开严密的数学方法和计算机的利用, 数学对生命科学的渗透使生物系统的刻画越来越精细, 生物系统的数学建模正在演变成生物实验中必不可少的组成部分.

  生物数学是生命科学与数学之间的边缘学科, 早在 1974 年就被联合国教科文组织的学科分类目录中作为与 "生物化学"、"生物物理" 等并列的一级学科. "生物数学" 是应用数学理论与计算机技术研究生命科学中数量性质、空间结构形式, 分析复杂的生物系统的内在特性, 揭示在大量生物实验数据中所隐含的生物信息. 在众多的生命科学领域, 从系统生态学、种群生物学、分子生物学到人类基因组与蛋白质组即系统生物学的研究中, 生物数学正在发挥巨大的作用, 2004 年 *Science* 杂志在线出了一期特辑, 题为 "科学下一个浪潮 —— 生物数学", 其中英国皇家学会院士 Lan Stewart 预测, 21 世纪最令人兴奋、最有进展的科学领域之一必将是生物数学.

  回顾生物数学的发展已有近百年的历史: 从 1798 年 Malthus 人口增长模型, 1908 年遗传学的 Hardy-Weinberg "平衡原理", 1925 年 Voltera 捕食模型, 1927 年 Kermack-Mckendrick 传染病模型到今天令人瞩目的 "生物信息论", 生物数学经历了百年迅速的发展, 特别是 20 世纪后半叶, 从那时期连续出版的杂志和书籍就足以反映出这个兴旺景象; 1973 年左右, 国际上许多著名的生物数学杂志相继创刊, 其中包括 *Math Biosci, J. Math Biol* 和 *Bull Math Biol*; 1974 年左右, 由 *Springer-Verlag* 出版社开始出版两套生物数学丛书: *Lecture Notes in Biomathermatics* (20 多年共出书 100 册) 和 *Biomathematics* (共出书 20 册); 新加坡世界科学出版社正在出版 *Book Series in Mathematical Biology and Medicine* 丛书.

  "丛书" 的出版, 既反映了当时生物数学发展的兴旺, 又促进了生物数学的发展, 加强了同行间的交流, 加强了数学家与生物学家的交流, 加强了生物数学学科内部不同分支间的交流, 益于对年轻工作者的培养.

  从 20 世纪 80 年代初开始, 国内对生物数学感兴趣的人越来越多, 他们有来自数学、生物学、医学、农学等多方面的科研工作者和高校教师, 并且从这时开始, "生物数学" 方向的硕士生、博士生不断被培养出来, 从事这方面研究、学习的人数之多已居世界之首. 为了加强交流, 提高我国生物数学的研究水平, 我们十分需要有计划、有目的地出版一套 "生物数学丛书", 其内容应该包括专著、教材、科普以及译丛, 例如: ① 生物数学、生物统计教材; ② 数学在生物学中的应用方法; ③ 生物建模; ④ 生物数学的研究生教材; ⑤ 生态学中数学模型的研究与使用等.

中国数学会生物数学学会与科学出版社经过很长时间的商讨, 促成了 "生物数学丛书" 的问世, 同时也希望得到各界的支持, 出好这套丛书, 为发展 "生物数学" 研究、培养人才作出贡献.

陈兰荪

2008 年 2 月

前　言

生物数学被广泛认为是 21 世纪具有巨大发展前景的新兴学科, 2004 年 2 月, 美国《科学》杂志非常罕见地用整整一期的篇幅论述了生物数学的巨大发展前景, 并称之为 "科学的下一波"(science's next wave). 数学种群生态学是生物数学学科内部发展最为成熟的分支, 从 20 世纪 80 年代后期开始, 由于种群发展不同阶段的生理差别而产生的后来被称为阶段结构生物模型系统的一系列研究则是近年来数学种群生态学研究的一个热点, 这个领域的研究吸引了包括作者在内的国内外许多生物数学研究工作者的广泛兴趣, 关于这方面的研究成果用 "海量" 来形容也并不为过.

所谓阶段结构, 简言之就是种群的整个生命历程由这样一些互不重叠的阶段构成: 属于同一阶段内的个体具有广泛的生态相似性, 分属不同阶段中的个体则习性迥异.

体现在模型形式上, 在非阶段结构模型中, 往往不加区别地用同一个变量描述那些虽然属于一个物种但处于不同阶段的种群个体, 而阶段结构模型不同, 用不同的变量函数来代表这些处于不同阶段的种群个体, 从这个意义上来说其对于实际背景的建模相比非阶段结构模型显然更精细、更贴近实际. 不可避免地, 上述阶段结构模型建模方面的优点自然地导致其模型在数学处理和分析上具有更大的挑战性. 不过, 当生物数学的研究工作者克服了这些挑战之后, 往往会发现这类新模型带来了更深刻、更具有实际意义的新结果, 人们为之欣喜.

本书旨在介绍主要常见阶段结构生物种群系统的模型建立、理论分析、理论结果的实际意义等方面内容. 根据模型描述的种群生物关系及其模型形态的区别, 将全书分为如下 6 章: 第 1 章讲授基本阶段结构模型的建立和分析, 为初学者进入阶段结构模型这一领域奠定基础; 后面几章分别就单种群模型、竞争模型、资源–消费者模型 (即捕食–被捕食模型)、离散和连续扩散模型、脉冲模型等模型进行比较深入的专题介绍.

本书希望能将有兴趣研究阶段结构生物模型的读者从初学引入到科研前沿. 本书中汇集了国内外有关研究资料和作者所在研究组近几年的研究成果, 力求由浅入深, 通俗易懂. 本书可供从事理论生物学研究者、具有一定数学基础的生态学研究工作者, 以及应用数学研究工作者阅读. 也可供生物数学方向的研究生和从事相关研究工作的人员学习、参考, 其中部分内容也可作为有关专业高年级本科生的选修课教材.

　　本书的出版, 得到了许多同行的支持和帮助, 特别要感谢宋新宇教授、唐三一教授、王明新教授、崔景安教授、陆忠华教授提供了相关文献资料; 也感谢张巍巍、王绍凯、宋海涛和王新新同学在录入及校对中给予的帮助. 本书的出版得到了国家自然科学基金 (No. 10601042)、哈尔滨工业大学应用与计算数学及多学科交叉科技创新团队计划以及哈尔滨工业大学理学研究基金的资助, 在此一并致谢.

　　限于作者水平, 书中难免有疏漏和不妥之处, 恳请读者给予批评指正!

作　者

2009 年 11 月

目　　录

第1章 阶段结构模型导入

物种的增长, 常常有一个成长发育的过程, 即从幼年种群到成年种群, 从不成熟到成熟, 从成年到老年等. 而且在其成长的每一个阶段都会表现不同的特征, 如幼年种群没有生育能力、捕食能力; 生存能力和与其他种群竞争有限的资源能力都比较弱; 容易死亡, 难以作大区域性的迁移等.

而成年种群则不仅有生育能力、捕食能力, 而且生存能力比较强, 常常有能力与别的种群竞争生存区域内有限的资源. 也就是说, 物种在其各个生命阶段的生理机能 (出生率、死亡率、竞争率、捕食能力) 的差别比较显著. 另外, 成年物种和幼年物种之间还有个相互作用的关系问题. 这些都在不同程度上影响着生物种群的持续生存和绝灭. 因此, 考虑具有阶段结构的种群模型, 即区分不同阶段结构的种群模型更具有实际意义.

阶段结构的种群模型引起了许多数学家和生物学家的注意, 关于这方面的工作, 最早可以追溯到 20 世纪 70 年代的 Landahl 和 Hanson (1975), 以及 Tognetti (1975), 当时他们分别提出了一个三阶段结构的自食模型和一个两阶段结构的随机模型. 此后, Barclay 和 Ven den Driessche (1980), Bence 和 Nisbet (1989), Gurney 等 (1980), Gurney 等 (1983), Gurney 和 Nisbet(1985), Hastings (1983, 1984), Wood 等 (1989) 也陆续提出并考虑了不同的阶段结构模型.

但是, 直到 1990 年由 Aiello 和 Freedman (1990) 提出了著名的单种群的时滞模型 (见系统 (1.2)) 并得到了近乎完美的结果, 阶段结构模型的研究才真正开始迎来一个持续时间长达十余年的热潮 (见 Aiello 等 (1992), Cao 等 (1992), Cui 和 Chen (2000), Freedman 和 Wu (1991), Huo 等 (2001), Magnnusson (1997), Magnnusson (1999), Liu 等 (2002), Liu 等 (2002), Liu 等 (2002), Lu 和 Chen (2002), Song 和 Chen (2001), Tang 和 Chen (2002), Wang 和 Chen (1997), Wang (1998), Zhang 等 (2000) 的文献).

1.1 基本的阶段结构模型

尽管不同的学者所建立的阶段结构模型是不同的, 但他们的目标却是相同的, 即建立尽可能符合实际背景而又能为数学家解决的模型. 为了更好地说明建模的过程, 我们从最基本的单种群阶段结构模型说起.

第 1 章 阶段结构模型导入

陈兰荪等 (2000) 运用种群动力系统的建模方法来建立阶段结构模型, 假定单种群系统符合下列假设:

(1) 种群所有个体分为两个阶段: 成年阶段和幼年阶段. 分别令 $N_i(t)$, $N_m(t)$ 表示幼年种群 (以下简称幼年) 和成年种群 (以下简称成年) 在 t 时刻的密度;

(2) 成年具有繁殖能力, 而幼年不具有繁殖能力;

(3) 经历幼年期并且幸存下来的幼年将转化为成年.

由假设 (1), (2), (3), 陈兰荪等 (2000) 得到如下基本的阶段结构模型:

$$\begin{cases} \dot{N}_i(t) = B(t) - D_i(t) - W(t), \\ \dot{N}_m(t) = a(t)W(t) - D_m(t). \end{cases} \tag{1.1}$$

其中, $B(t)$ 表示幼年在 t 时刻的出生数目; $D_i(t)$ 和 $D_m(t)$ 分别表示幼年和成年在 t 时刻的死亡数目; $W(t)$ 表示在 t 时刻长大转化为成年的幼年数目; $a(t)$ 则表示幼年阶段的成活率. 在本文中可以看到, 模型 (1.1) 是下文中模型 (1.2) 和模型 (1.6) 的一般形式.

1.2   时滞型阶段结构模型

令 $x_1(t)$, $x_2(t)$ 分别为幼年和成年种群在 t 时刻的密度. 假定这些物种生长在一个封闭、地域无差异的环境中, 且幼年个体的平均成熟期长度是已知的 (或通过观察或通过合理的假设). 记 $\tau > 0$ 为幼年个体的平均成熟期, 若已知在 $-\tau \leqslant t \leqslant 0$ 这段时期内幼年和成年物种密度变化情况, 我们期望了解在接下来的 $t > 0$ 的发展阶段中物种数量的动态变化规律. 记 $\phi(t)$ 为幼年种群 $x_1(t)$ 在 $-\tau \leqslant t \leqslant 0$ 阶段内的数量, 而 $x_2(0)$ 为成年种群 $x_2(t)$ 在时刻 $t = 0$ 的密度. 在此基础上, Aiello 与 Freedman(Aiello W G, Freedman H I, 1990) 得到如下具有阶段结构的单种群模型:

$$\begin{cases} \dot{x}_1(t) = \alpha x_2(t) - \gamma x_1(t) - \alpha e^{-\gamma\tau}\phi(t-\tau), \\ \dot{x}_2(t) = \alpha e^{-\gamma\tau}\phi(t-\tau) - \beta x_2^2(t), \quad 0 < t \leqslant \tau, \\ \dot{x}_1(t) = \alpha x_2(t) - \gamma x_1(t) - \alpha e^{-\gamma\tau}x_2(t-\tau), \\ \dot{x}_2(t) = \alpha e^{-\gamma\tau}x_2(t-\tau) - \beta x_2^2(t), \quad t > \tau. \end{cases} \tag{1.2}$$

其中, $x_1(t)$, $x_2(t)$ 分别表示幼年、成年种群在 t 时刻的密度, 常数 τ 表示幼年的平均成熟期长度, 即幼年从出生到成熟这一阶段的时间长度, α, β 和 γ 均为正常数, 分别表示成年种群的繁殖率、密度制约率, 以及幼年种群的死亡率. 在模型 (1.2) 中, 由于 t 时刻成年种群的增加量来自于两个因素: ① t 时刻发育成熟的幼年个体; ② t 时刻损失的成年个体之和. 对于后者, 由于我们考虑的是密度制约的系统, 因此借鉴 Logistic 项比较不难看出其应为 $\beta x_2^2(t)$.

下面我们来推导 t 时刻发育成熟的幼年个体数量表达项, 也就是那些出生于 $t-\tau$ 时刻且经历 $[t-\tau,t]$ 这一阶段之后依然保持成活的幼年个体数量. 若记 $N(t)$ 为给定物种在 t 时刻的密度, γ 为种群的死亡率, 不考虑其死亡率, 则该种群自时刻 t_1 至时刻 t_2 期间的密度变化满足方程

$$\dot{N}(t) = -\gamma N(t),$$

从而得到

$$N(t_2) = N(t_1)\mathrm{e}^{-\gamma(t_2-t_1)}.$$

即种群在 t_1 时刻出生且到 t_2 时刻依然保持成活的比率为 $\mathrm{e}^{-\gamma(t_2-t_1)}$.

因此, 考虑模型 (1.2) 中 $t-\tau$ 时刻单位时间内出生的幼年种群数为 $\alpha x_2(t-\tau)$, 而这些幼年种群在经历幼年阶段即 $[t-\tau,t]$ 这一阶段后的成活率为

$$\mathrm{e}^{-\gamma[t-(t-\tau)]} = \mathrm{e}^{-\gamma\tau}.$$

于是, 我们得到 t 时刻发育成熟的幼年个体数量表达项为

$$\alpha x_2(t-\tau)\cdot\mathrm{e}^{-\gamma\tau} = \alpha\mathrm{e}^{-\gamma\tau}x_2(t-\tau).$$

为了保持系统 (1.2) 中解关于初始条件的连续性, 我们要求

$$x_1(0) = \int_{-\tau}^{0}\phi(t)\mathrm{e}^{\gamma t}\mathrm{d}t, \tag{1.3}$$

项 $\int_{-\tau}^{0}\phi(t)\mathrm{e}^{\gamma t}\mathrm{d}t$ 即经历 $-\tau\leqslant t\leqslant 0$ 阶段后还成活的幼年个体数目之和.

假定 $\phi(t)$ 连续 (出于数学意义方面的原因) 且非负 (出于生物意义方面的原因), 则系统 (1.2) 的解存在、唯一且满足解对初始条件的连续依赖性.

对于 (1.2), 运用时滞方程的标准证明方法 (Aiello W G, Freedman H I, 1990) 证明了若 $x_2(0)>0, x_1(t)>0, -\tau\leqslant t\leqslant 0$, 则系统的所有解在 $t>0$ 时刻均为严格正的.

考虑系统 (1.2) 的平衡点, 令 $\dot{x}_1 = \dot{x}_2 = 0$, 我们易得到系统具有两个非负平衡点: 零平衡点 E_0 及正平衡点 $\widehat{E}$.

Aiello 与 Freedman(1990) 证明了 $E(0,0)$ 的不稳定性且证明了正平衡点的全局渐近稳定性, 即

定理 1.1 若 $x_2(0)>0, x_1(t)>0$ 关于 $-\tau\leqslant t\leqslant 0$ 成立, 则有

$$\lim_{t\to\infty}[x_1(t), x_2(t)] = \widehat{E}.$$

注   Aiello 与 Freedman 运用了一种较为复杂的方法证明了系统 (1.2) 正平衡点的全局渐近稳定性. Liu 和 Beretta(2006) 通过构造 Liapunov 函数, 获得了证明该正平衡点全局渐近稳定性的较为简洁的方法, 具体细节可参阅 Liu 和 Beretta (2006) 的文献.

定义 $K(\tau) = \widehat{x_1}(\tau) + \widehat{x_1}(\tau)$ 为种群的环境容纳量, Aiello 与 Freedman 在文献 (Aiello W G, Freedman H I, 1990) 中进一步考虑了时滞对量 $K(\tau)$ 的影响, 由定理 1.1 可得

$$K(\tau) = \frac{\alpha}{\beta\gamma} \mathrm{e}^{-\gamma\tau}(\alpha + \gamma - \alpha \mathrm{e}^{-\gamma\tau}).$$

从而若 $\alpha \leqslant \gamma$, 则 $\mathrm{d}K/\mathrm{d}\tau < 0$ 且 $K(\tau)$ 对一切 $\tau > 0$ 均严格递减; 而若 $\alpha > \gamma$, 则 $K(\tau)$ 在区间 $0 \leqslant \tau < \tau^*$ 关于 τ 递增, 而当 $\tau > \tau^*$ 时关于 τ 递减. 这里, 分界窗口

$$\tau^* = -\gamma^{-1} \log\left(\frac{\alpha + \gamma}{2\alpha}\right).$$

也就是说, 若 $\alpha > \gamma$, 则代表物种最终数量或密度的环境容纳量 $K(\tau)$ 在其幼年成熟期长度值 τ 满足 $\tau = -\gamma^{-1} \log\left(\frac{\alpha + \gamma}{2\alpha}\right)$ 时达到最大值.

这表明, 尽管系统 (1.2) 中种群的阶段结构不会影响系统正平衡点的全局渐近稳定性, 但是作为代表种群阶段结构的重要参数, 幼年的成熟期长度 τ 的确影响物种的环境容纳量, 也即物种最终的数量和密度. 因而, 在一定条件下, 合理地控制物种成熟期长度 τ, 可使得物种最终数量或密度 (即 $K(\tau)$) 达到最大值. 在种群的演化进程中, 种群常常会有许多策略以赢得自身种群的繁衍和延续. 上述的理论结果表明, 通过合理改变种群的成熟期长度来增加物种数量的策略是一种可行的演化策略.

基于 Aiello 和 Freedman(1990) 的工作, Alello 等 (1992) 考虑了具有状态依赖型时滞阶段结构模型, 其中幼年成熟期的长度不再是一个固定的常数, 而是依赖于该种群数量的一个函数. 这一变化来自于大西洋鲸鱼有关数据. Gambell (1985) 的研究表明, 鲸鱼的幼年期长度依赖于其可获取的食物数量及其他要素. 比如, 考虑大西洋鲸鱼种群, 第二次世界大战以前, 由于鲸鱼数量庞大, 使得小型类鲸鱼与大型类鲸鱼分别要 7~10 年和 12~15 年才能成熟. 但是第二次世界大战后捕鲸技术的发展, 使得鲸鱼数量减少, 可获取的食物如磷虾相对来说比较丰裕, 这使得小型类鲸鱼只需要 5 年即能成熟, 相应的大型类鲸鱼成熟期也显著的缩短了. 对于固定食物供应情形来说, 由于每个个体可获取的食物量依赖于其种群的数量, Alello 等 (Aiello W G, Freedman H I, Wu J H, 1992) 对模型 (1.2) 进行了改进, 包括时滞依赖于种群总数量且随着种群总数量增加而减小. 事实上, 这一成熟期长度与种群数量的递减性的相关也得到了生物学家们的证实, 如 Andrewartha 和 Birch (1954) 描述

了苍蝇幼虫 (蛹) 发育期与其密度的非线性函数关系. 记 $z(t) = x_1(t) + x_2(t)$, Aiello 等 (Aiello W G, Freedman H I, Wu J H, 1992) 将模型 (1.2) 改进为如下模型:

$$\begin{cases} \dot{x}_1(t) = \alpha x_2(t) - \gamma x_1(t) - \alpha e^{-\gamma\tau(z)} x_2(t - \tau(z)), \\ \dot{x}_2(t) = \alpha e^{-\gamma\tau(z)} x_2(t - \tau) - \beta x_2^2(t), \\ x_1(t) = \varphi_1(t) \geqslant 0, \quad x_2(t) = \varphi_2(t) \geqslant 0, \quad -\tau_M \leqslant t \leqslant 0, \end{cases} \quad (1.4)$$

其中, α, β, γ 为正常数, $x_1(t)$ 和 $x_2(t)$ 分别表示幼年、成年种群在 t 时刻的密度; 函数 τ 表示幼年的平均成熟期长度, 满足 $\tau_m \leqslant \tau \leqslant \tau_M$ (其中 τ_m, τ_M 的定义见下式 (1.5)), 假定 $\tau'(z)$ 存在, 则有

$$\tau'(z) \geqslant 0, \quad 0 < \tau_m \leqslant \tau(z) \leqslant \tau_M,$$

这里 $\lim\limits_{z\to 0^+} \tau(z) = \tau_m$, $\lim\limits_{z\to\infty} \tau(z) = \tau_M$.

为了保证方程解的存在唯一性, 需要 $\tau(z(t))$ 满足 $t - \tau(z(t))$ 关于 t 严格单调递增, 即 $\dfrac{\mathrm{d}\tau(z)}{\mathrm{d}t} = \tau'(z)\dot{z}(t) < 1$. 我们可证, 若

$$\tau'(z) < 4\beta/\alpha^2, \quad (1.5)$$

则 $t - \tau(z(t))$ 关于 t 严格单调递增. 进而有

定理 1.2 若系统 (1.4) 满足 (1.5) 且 $x_1(t) \geqslant 0$, $t \geqslant 0$, 则有 $t - \tau(z(t))$ 关于 t 严格单调递增.

定理 1.3 若 $\varphi_2(t) > 0$ 对一切 $-\tau_M \leqslant t \leqslant 0$ 成立, 则有 $x_2(t) > 0$, $t \geqslant 0$.

定理 1.4 若下列条件之一成立:

(i) $\gamma > \alpha$;

(ii) $\widehat{x_2} < \dfrac{\alpha+\gamma}{2\beta}$, 对一切 $\widehat{x_2}$;

(iii) $\tau'(\widehat{z}) < 1/(\widehat{x_2}(2\beta\widehat{x_2} - \alpha - \gamma))$,

则正平衡点 $\widehat{E}$ 存在且唯一.

定理 1.5 若 $\tau'(\widehat{z}) = 0$, 则 $\widehat{E}$ 是局部渐近稳定的.

定理 1.6 若

(i) $\widehat{x_2} \leqslant \dfrac{\alpha+\gamma}{2\beta}$

或者

(ii) $\widehat{x_2} > \dfrac{\alpha+\gamma}{2\beta}$ 且 $\tau'(\widehat{z}) \leqslant \dfrac{2}{4\widehat{x_2}(2\beta\widehat{x_2} - \alpha - \gamma)}$ 成立,

则 $\widehat{E}$ 是局部渐近稳定的.

由于系统 (1.4) 平衡点具有复杂性质, 考虑该系统的全局动力行为非常困难, Aiello 等 (Aiello W G, Freedman H I, Wu J H, 1992) 还是得到了如下结果:

定理 1.7   记 $(x_1(t), x_2(t))$ 为系统 (1.4) 的解, 则

$$\alpha\beta^{-1}\mathrm{e}^{-\gamma\tau_M} \leqslant \lim_{t\to\infty}\inf x_2(t) \leqslant \lim_{t\to\infty}\sup x_2(t) \leqslant \alpha\beta^{-1}\mathrm{e}^{-\gamma\tau_m},$$

且

$$\alpha^2\beta^{-1}\gamma^{-1}(\mathrm{e}^{-\gamma\tau_M} - \mathrm{e}^{-2\gamma\tau_m}) \leqslant \lim_{t\to\infty}\inf x_1(t)$$
$$\leqslant \lim_{t\to\infty}\sup x_2(t) \leqslant \alpha^2\beta^{-1}\gamma^{-1}(\mathrm{e}^{-\gamma\tau_m} - \mathrm{e}^{-2\gamma\tau_M}).$$

易知, 当 $\tau'(z) \equiv 0$(即 $\tau(z)$ 为常数) 时, 定理 1.7 推广了关于系统 (1.2) 的定理 1.1.

上述关于平衡点唯一性及其稳定性的结论需要前提条件: 避免幼年种群在迈向成年种群的过程中出现 "后退" 的行为, 即满足 $\tau'(z) < 4\alpha^{-2}\beta$. 从生物学意义上来说, 这表明当物种变化时, 由此带来的成熟期 τ 的变化不能过大, 这显然是有生物意义的.

1.3   非时滞型基本阶段结构模型

下面, 考虑模型 (1.1) 增长率满足马尔萨斯模型 ($B(t) = \alpha(t)x_m(t)$)、死亡率满足 Logistic 规律的情形, 陈兰荪等 (2000) 提出了如下非时滞型基本阶段结构模型:

$$D_i(t) = \gamma(t)x_i(t) + \eta(t)x_i^2(t), \quad D_m(t) = \theta(t)x_m(t) + \beta(t)x_m^2(t),$$

记 $\tau(t)$ 为幼年种群的成熟期长度, 则幼年种群的成熟率为 $\dfrac{1}{\tau(t)}$(类似于传染病数学模型中染病者的恢复率与疾病平均持续时间互为倒数关系, 推导过程参见文献 (马知恩, 周义仓, 王稳地, 2004; Ma Z E, Zhou Y C, Wu J H, 2009), 因此系统 (1.1) 有如下形式:

$$\begin{cases} \dot{x}_i(t) = \alpha(t)x_m(t) - \gamma(t)x_i(t) - \Omega(t)x_i(t) - \eta(t)x_i^2(t), \\ \dot{x}_m(t) = \Omega(t)x_i(t) - \theta(t)x_m(t) - \beta(t)x_m^2(t), \end{cases} \tag{1.6}$$

其中, $\Omega(t) = \dfrac{1}{\tau(t)}$ 表示单位时间内幼年个体转化为成年个体的数量 (成熟率). 模型 (1.6) 相应的自治系统为

$$\begin{cases} \dot{x}_i(t) = \alpha x_m(t) - \gamma x_i(t) - \Omega x_i(t) - \eta x_i^2(t), \\ \dot{x}_m(t) = \Omega x_i(t) - \theta x_m(t) - \beta x_m^2(t), \end{cases} \tag{1.7}$$

这里, $\alpha, \gamma, \Omega, \eta, \theta, \beta$ 均为非负常数. Cui 和 Chen(2000) 得到如下结果:

定理 1.8   假定

$$\theta(\gamma + \Omega) - \alpha\Omega < 0,$$

则系统 (1.6) 具有唯一全局渐近稳定的正平衡点.

对于非自治系统 (1.6), 若假定 $\alpha(t), \gamma(t), \Omega(t), \eta(t), \theta(t), \beta(t)$ 均为正的 ω 周期函数, 且 $\theta(t) \equiv 0$, $t \in [0, \omega]$, 则利用单调动力系统渐近性理论可得 (参见文献 (Cui J, Chen L, 2000) 中定理 4): 系统 (1.6) 具有唯一全局渐近稳定的 ω 正周期解.

第 2 章　单种群阶段结构模型研究

阶段结构单种群模型作为对 Logistic 模型的有意义的推广工作是由 Aiello 等 (Aiello W G, Freedman H I, 1990) 及 Wood 等 (Wood S N, Blythe S P, 1989) 分别得到模型 (1.2), 即

$$\begin{cases} \dot{x}_1(t) = \alpha x_2(t) - \gamma x_1(t) - \alpha e^{-\gamma\tau}\phi(t-\tau), \\ \dot{x}_2(t) = \alpha e^{-\gamma\tau}\phi(t-\tau) - \beta x_2^2(t), \quad 0 < t \leqslant \tau, \\ \dot{x}_1(t) = \alpha x_2(t) - \gamma x_1(t) - \alpha e^{-\gamma\tau}x_2(t-\tau), \\ \dot{x}_2(t) = \alpha e^{-\gamma\tau}x_2(t-\tau) - \beta x_2^2(t), \quad t > \tau. \end{cases}$$

在该模型中, 种群的平均成熟期体现为一个常数时滞, 反映了初生的幼体数目对于其后成熟的个体数目的滞后影响. 而幼年期内幼体的死亡率对其相应的最终完成幼年阶段近日成熟个体数目的影响也得到了定量的体现. 从这些意义上来说, 相比于不具有阶段结构的 Logistic 模型, 模型 (1.2) 当然具有实际意义, 因此该模型的建模思想对其后众多阶段结构系统研究产生了重要影响. 然而, 模型 (1.2) 的不足也是显而易见的: 它忽略了对于单种群系统中种群增长影响甚大的其他因素诸如扩散、收获、放养、脉冲出生、自食、合作等.

在本章的几个小节中, 我们将列举相应的既考虑种群阶段差异又考虑种群其他影响因素的模型研究. 其中, 2.1 节介绍了种群在斑块之间进行具有阶段差异迁移能力的离散扩散模型, 以及种群在区域内进行连续扩散的反应扩散模型 (Lu Z, Chen L S, 2002); 2.2 节介绍文献 (Cui J, Chen L, 2000) 中关于具有离散扩散的非滞后型阶段结构模型的研究; 2.3 节考虑 Song 和 Chen (2001) 的文献中介绍的相应的时变情形; 2.4 节介绍 Tang 和 Chen(2002) 的文献所研究的脉冲生育情形下的非滞后型阶段结构系统的复杂行为; 2.5 节介绍 Freedman 和 Ruan(1991) 的文献中关于成年个体捕食幼年个体情形系统研究.

2.1　时滞型阶段结构扩散模型研究

种群的扩散和迁移是自然界中非常普遍的行为. 正如陈兰荪等 (2004) 指出的, 人类的活动范围在不断扩大, 如新兴工业设施的建设、交通道路的修建、矿山的开采, 甚至旅游业的发展, 以及人类对自然资源的过度掠取等, 人类在享用自然的同时也在破坏着自然. 昔日连绵不断的森林景观已破碎化为斑块隔离状. 这种环境斑

块化 (或称片断化、岛屿化) 现象对生物种群的生存和多样性是一个潜在的威胁. 一些研究表明破碎化栖息地内的鸟类丰富度低于大片连续栖息地内的鸟类丰富度. 其原因之一是种群规模的缩小、斑块中分布广度的缩减和种群基因变异的缺失; 再一个是栖息地质量的变化, 如食物丰实度、捕食压力、巢寄生和竞争模式等因素. 因而生存环境斑块化在生物种群的绝灭过程中的作用举足轻重. 人们在研究生物灭绝过程中, 发现许多生物的灭绝过程都是栖息地先行破碎, 连续分布的种群裂成斑块状种群, 然后逐个斑块种群灭绝, 最后导致整个种群的灭绝. 有时, 在野生动物保护过程中, 人们采用构筑廊道, 为被捕食者提供避难斑块环境, 让即将灭绝的种群迁移生存环境等措施, 以保护动物. 也有的种群在栖息地裂成斑块状后, 局部小斑块上的种群因其他斑块中个体的不断迁入而能长期共存, 甚至局部种群灭绝后形成的空间也能被来自临近斑块的迁入个体占领而得以恢复. 因此, 研究斑块环境对种群生存与绝灭的影响, 以及在斑块环境下如何改善环境条件使生物种群得以保护, 也是保护生态环境中十分重要的课题.

Lu 和 Chen(2002) 就鱼类在近海、远海间的迁移现象建立并分析了相应的阶段结构模型, 该模型不仅体现了种群在生育能力、种群内竞争等方面的阶段差异, 更体现了其处于不同生长阶段个体的不同迁移能力. 对人类来说, 鱼类是一种主要的可更新的资源. 随着科学技术的发展, 鱼类的环境容纳量也得到了提高, 因此鱼类的产量得到了增加. 例如, 我国传统的渔业捕捞是利用过时的捕捞工具在海岸线附近或近海用人工方式捕获鱼类, 然而由于捕捞工具和造船技术迅猛的进步极大改变了渔业的工作效率. 随着各种复杂而先进的捕捞工具、捕鱼船只的出现, 现代捕鱼范围已经可以轻松地从近海扩展到远海, 以满足人类日益增长的需求. 远海海域的捕捞与近海海域一样频繁, 而过量的捕捞破坏了渔业资源的可持续发展, 导致总体资源的不断下降. 在此情况下, 人们认识到, 为了保持渔业资源的可持续发展, 有必要对这种生物资源的开发行为进行科学管理, 以约束先前人们无序的开发行为. 因此, 探索出最适宜的捕捞行为, 既保证渔业资源的可持续发展, 又保证渔业资源的较大开发量, 成为渔业捕捞及其他资源开发政策研究中的重要问题.

事实上, 我国已经采取了一些相应的举措, 如规定渔具的网眼必须大于某些标准以避免误捕幼鱼; 在每年的特定季节限制捕捞行为以保护鱼类的繁殖和生长, 等等. 在本小节中将对这种针对幼鱼、成鱼的不同捕捞策略及鱼类在近海–远海间迁移的背景下的捕捞行为进行建模, 以探求最优的捕捞政策.

Clark(1990) 研究了关于近海–远海渔业捕捞方面的两个基本模型. Pradhan 和 Chandhuri(1999) 考虑了一个清晰的近海–远海渔业捕捞模型, 其中近海和远海的鱼类种群通过在近海和远海间的扩散来实现相互关联, 而且实际背景模型中鱼类只在近海进行繁殖. 在 Lu 和 Chen (2002) 的文献中, 假定了鱼类在近海和远海间都能进行繁殖, 不过, 假定幼鱼个体不能在近海和远海海域间迁移, 这是由于其生长尚处于幼小阶段. 根据实际背景又假定模型中在两海域间仅收获成年鱼类而不收获幼年个体. 进一步, Lu 和 Chen (2002) 还发现由于鱼类生长环境的季节周期性变化, 鱼类种群也发生相应的变化. 根据以上这些背景, Lu 和 Chen (2002) 建立了数学模型并研究了相应的可持续资源开发的政策. 其具体记号说明如下:

记 x_{i1} 分别表示 t 时刻在近海、远海海域的幼鱼个体密度 $(i = 1, 2)$, x_{i2} 分别表示 t 时刻在近海、远海海域的成年鱼类密度 $(i = 1, 2)$; 注意: 若记 $N(t)$ 表示某种群在 t 时刻的密度, γ 为该种群的死亡率, 则 t_1 时刻该种群个体经历从 t_1 到 t_2 这段时刻后依然保持存活的密度为

$$N(t_2) = N(t_1)\mathrm{e}^{-\gamma(t_2 - t_1)}.$$

为建立模型, Lu 和 Chen (2002) 需要如下假设:

(H_1) 幼年鱼类个体的出生量与其相应海域的成年鱼类数量成正比, 记在近海、远海海域相应幼鱼出生率常数分别为 $\alpha_1, \alpha_2 > 0$; 在近海、远海海域相应的幼鱼死亡率分别为常数 $\gamma_1, \gamma_2 > 0$;

(H_2) 在时刻 $t - \tau$ 出生后经过幼年期 τ 到时刻 t 时仍然存活的幼鱼将成熟而变为成年鱼类;

(H_3) 成年鱼类在近海、远海海域的死亡率均满足 Logistic 规律, 即与其密度平方成正比, 记 $\beta_1, \beta_2 > 0$ 分别为相应的比例常数;

(H_4) 成年鱼类在近海、远海海域间进行迁移, 其迁移量与成年鱼类在近海、远海海域间密度差成正比, 记 $D_1, D_2 \geqslant 0$ 分别为近海、远海海域处迁移的比例常数;

(H_5) 仅对成年鱼类进行捕获, 捕获量与其密度成正比, 比例系数分别为 E_1, $E_2 > 0$.

根据以上假设, Lu 和 Chen (2002) 提出了如下模型:

$$\begin{cases} \dot{x}_{i1}(t) = \alpha_i x_{i2}(t) - \gamma_i x_{i1}(t) - \alpha_i \mathrm{e}^{-\gamma_i \tau} x_{i2}(t - \tau), \\ \dot{x}_{i2}(t) = \alpha_i \mathrm{e}^{-\gamma_i \tau} x_{i2}(t - \tau) - \beta_i x_{i2}^2(t) + D_i(x_{j2}(t) - x_{i2}(t)) - E_i q_i x_i(t), \\ x_{ij}(t) = \phi_{ij}(t) \geqslant 0, \quad t \in [-\tau, 0], \phi_{ij}(0) > 0, i, j = 1, 2, \ j \neq i, \end{cases} \quad (2.1)$$

其中, α_i, β_i, r_i, D_i, τ 意义如以上假设 $(H_1) \sim (H_5)$ 中所示, E_1, E_2 分别为近海、远海海域处成鱼的捕捞率, q_1, q_2 分别为近海、远海海域处成鱼的捕捞成功率, $\phi_{12}(t)(\phi_{22}(t))$ 为成鱼在近海 (远海) 处的初始条件, $\phi_{11}(t)(\phi_{21}(t))$ 为幼鱼在近海 (远海) 处的初始条件, 为保证系统解的连续性, 需要如下条件:

$$x_{i1}(0) = \int_{-\tau}^{0} \alpha_i x_{i2}(s)\mathrm{e}^{\gamma_i s}\mathrm{d}s. \quad (2.2)$$

若考虑种群生存环境以 ω 为周期进行周期性的波动, 那么系统 (2.1) 中的系数

则应为周期性的函数. Lu 和 Chen(2002) 还获得了以下具有阶段结构的鱼类系统:

$$
\begin{cases}
\dot{x}_{i1}(t) = \alpha_i(t)x_{i2}(t) - \gamma_i(t)x_{i1}(t) - \alpha_i(t-\tau)\mathrm{e}^{-\int_{t-\tau}^{t}\gamma_i(s)\mathrm{d}s}x_{i2}(t-\tau), \\
\dot{x}_{i2}(t) = \alpha_i(t-\tau)\mathrm{e}^{-\int_{t-\tau}^{t}\gamma_i(s)\mathrm{d}s}x_{i2}(t-\tau) - \beta_i(t)x_{i2}^2(t) \\
\qquad + D_{ij}(t)(x_{j2}(t)-x_{i2}(t)) - E_i(t)q_i(t)x_{i2}(t), \\
x_{ij}(t) = \phi_{ij}(t) \geqslant 0, \quad t \in [-\tau, 0], \phi_{ij}(0) > 0, i, j = 1, 2,
\end{cases}
\tag{2.3}
$$

其中, 函数 $\exp\left(-\int_{t-\tau}^{t}\gamma_i(s)\mathrm{d}s\right)$ 是 ω 周期函数, $\phi_{12}(t)(\phi_{22}(t))$ 为成鱼在近海 (远海) 处的初始条件, $\phi_{11}(t)(\phi_{21}(t))$ 为幼鱼在近海 (远海) 处的初始条件. 系统 (2.3) 解的连续性, 需要如下条件:

$$
x_{i1}(0) = \int_{-\tau}^{0} \alpha_i(s)x_{i2}(s)\mathrm{e}^{\int_0^s \gamma_i(\theta)\mathrm{d}\theta}\mathrm{d}s.
\tag{2.4}
$$

对于周期函数 $f(t)$, 分别记 f^M, f^L 为其最大值、最小值. 系统 (2.3) 实质上是一个单调系统, 运用单调动力系统理论 (Smith H L, 1995), Lu 和 Chen (2002) 得到了关于系统 (2.3) 正周期解的全局吸引结果.

定理 2.1 若 $\alpha_i(t), \gamma_i(t), \beta_i(t), E_i(t), q_i(t)$, $i=1,2$ 均为连续、正的 ω 周期函数, 且有 $E_i^M q_i^M < \alpha_i^L \mathrm{e}^{-\gamma_i^M \tau}$, $i=1,2$, 则系统 (2.3) 具有唯一全局吸引的 ω 周期正解.

Lu 和 Chen (2002) 的以上结果表明, 对各海域成年鱼类的捕获控制在适当的范围内的政策, 可以保持鱼类资源的可持续发展性. 进一步, 在此基础上, 还可以研究最优的收获率, 以及对幼年鱼类进行捕获所产生的影响. 定理 2.1 还表明了, 阶段结构尤其是幼年期长度及其死亡率对可持续捕获政策有着影响. 由定理 2.1 可以直接推出有关系统 (2.1) 的相应结论.

2.2 具有迁移的非时滞阶段结构模型研究

Cui 和 Chen(2000) 考虑了具有迁移的非时滞阶段结构扩散模型研究, 该模型背景为生活在两个斑块的种群 (如生活在森林和水域的鸟类), 本来这两处斑块连在一起, 然而由于人类活动不断加剧, 新的工业设施大量兴建, 交通道路不断增加, 人们对资源过度掠取, 对森林乱砍滥伐, 昔日连绵不断的森林景观已大多不复存在. 所以, 在此背景下 Cui 和 Chen (2000) 考虑了种群个体生活在相互隔离的两个斑块, 而种群仅在其中一个斑块进行繁殖、产仔, 在另一斑块不进行产仔. 与 Lu 和 Chen (2002) 的文献类似, Cui 和 Chen(2000) 的文献中考虑到成年种群和幼年种群有如下区别:

　　(1) 成年种群具有在两个斑块间相互隔离的迁移能力, 其迁移量与两斑块间成年种群密度差成正比; 幼年只生活在斑块 1 中, 且不具有迁移能力.

　　(2) 成年种群具有繁殖能力, 繁殖率为常数; 幼年种群不具有繁殖能力.

　　(3) 基于假定幼年种群的平均成熟期为常数, 假定幼年种群成熟率 (即 1/平均成熟期) 为正常数.

　　由此, Cui 和 Chen (2000) 建立了如下具有迁移的单种群阶段结构模型:

$$\begin{cases} \dot{I}_1(t) = aM_1(t) - bI_1^2(t) - cI_1(t) - \alpha I_1(t), \\ \dot{M}_1(t) = \alpha I_1(t) - \beta_1 M_1^2(t) + D_{12}(M_2(t) - M_1(t)), \\ \dot{M}_s(t) = -\beta_2 M_2^2(t) + D_{21}(M_1(t) - M_2(t)). \end{cases} \tag{2.5}$$

若环境是周期变化的, 那么模型 (2.5) 中的系数均为 ω 周期函数, 从而相应地 Cui 和 Chen(2000) 建立了如下周期的单种群阶段结构迁移模型:

$$\begin{cases} \dot{I}_1(t) = a(t)M_1(t) - b(t)I_1^2(t) - c(t)I_1(t) - \alpha(t)I_1(t), \\ \dot{M}_1(t) = \alpha(t)I_1(t) - \beta_1(t)M_1^2(t) + D_{12}(t)(M_2(t) - M_1(t)), \\ \dot{M}_s(t) = -\beta_2(t)M_2^2(t) + D_{21}(t)(M_1(t) - M_2(t)). \end{cases} \tag{2.6}$$

　　假定系统 (2.6) 中函数 $a(t), b(t), c(t), \alpha(t), \beta_1(t), \beta_2(t), D_{12}(t)$ 及 $D_{21}(t)$ 均为连续的、以 ω 为周期的正周期函数, 且假定以上系统 (2.5)、(2.6) 中初值为正. Cui 和 Chen(2000) 研究了系统 (2.6) 中具有阶段差异的迁移对种群的影响, 得到如下结果:

　　定理 2.2　系统 (2.5) 在域 $R_+^3 \setminus \{O\}$ 中具有唯一全局渐近稳定的正平衡点.

　　定理 2.3　系统 (2.6) 具有唯一全局渐近稳定的正周期解.

　　定理 2.2 和定理 2.3 表明, 尽管只有成年种群具有迁移能力, 然而这种离散的扩散确保了成年、幼年种群在整个生存环境中的持久生存, 避免了种群因在某些不利斑块生存环境恶劣而导致的局部灭绝. 此外, 通过对于扩散系数 $D_{ij}(t)$ 的调节也将影响种群的最终生存密度. 因此, 这种扩散通道的保持、维护对种群的可持续生存是非常必要的. 事实上, Cui 和 Chen (2000) 的文献还表明, 对于在某些孤立的、不利环境下即将处于灭绝的种群系统, 构建相应的迁移通道, 使得种群能在该斑块环境与其他 "好" 的斑块间迁移, 对于避免种群在该斑块环境中局部灭绝具有决定性作用. 在当前许多生物种群活动区域因人类活动影响被分割为相互隔离的小区域, 珍稀种群的保护面临诸多挑战的背景下, Cui 和 Chen (2000) 的文献中的结论显然具有很强的理论指导意义.

2.3　具有收获的单种群阶段结构模型

　　我们生活的自然界中人类活动的足迹几乎无处不在. 种群生物系统也不可避

免地受到人类行为的影响. Song 和 Chen (2001) 考虑了人类对生物资源的阶段差异性收获对于单种群系统 (1.2) 的影响. 在该文献中主要考虑了系统 (1.2) 在连续收获成年种群而不捕获幼年种群情形下的动力行为, 由文献 (Song X, Chen L, 2001) 中得到了如下模型:

$$
\begin{cases}
\dot{x}_1(t) = \alpha x_2(t) - \gamma x_1(t) - \alpha \mathrm{e}^{-\gamma\tau} x_2(t-\tau), \\
\dot{x}_2(t) = \alpha \mathrm{e}^{-\gamma\tau} x_2(t-\tau) - \beta x_2^2(t), \\
x_1(t) = \varphi_1(t) \geqslant 0, \quad x_2(t) = \varphi_2(t) \geqslant 0, \quad -\tau \leqslant t \leqslant 0, \ x_2(0) > 0,
\end{cases}
\tag{2.7}
$$

其中, $x_1(t), x_2(t)$ 分别表示对于幼年、成年种群在 t 时刻的收获量, 其他标记同系统 (1.2), $\varphi_1(t), \varphi_2(t)$ 分别表示初始幼年、成年种群的值 $(-\tau \leqslant t \leqslant 0)$. 假定 $x_2(\theta)$ 在区间 $[-\tau, 0]$ 上连续、非负, 则对一切 $t \geqslant 0$, 系统 (2.7) 的解存在唯一. 同样, 如同系统 (1.2), 我们要求

$$
x_1(0) = \int_{-\tau}^0 \alpha x_2(\theta) \mathrm{e}^{\gamma\theta} \mathrm{d}\theta.
\tag{2.8}
$$

Song 和 Chen(2001) 得到了系统 (2.7) 的如下结果:

定理 2.4 若 $x_2(\theta) \geqslant 0$ 对一切 $\theta \in [-\tau, 0], x_2(0) > 0$ 均成立, 且满足条件 $E < \alpha \mathrm{e}^{-\gamma\tau}$, 则系统 (2.7) 中唯一正平衡点 (x_1^*, x_2^*) 是全局渐近稳定的.

定理 2.5 若 $x_2(\theta) \geqslant 0$ 对一切 $\theta \in [-\tau, 0], x_2(0) > 0$ 均成立, 且满足条件 $E > \alpha \mathrm{e}^{-\gamma\tau}$, 则系统 (2.7) 中平衡点 $(0, 0)$ 是全局渐近稳定的.

定理 2.4 和定理 2.5 表明, 为保持系统 (2.7) 中种群的可持续发展, 对于成年种群的常数收获量必须小于阈值 $\alpha \mathrm{e}^{-\gamma\tau}$, 否则将导致资源种群灭绝. 在定理 2.4 和定理 2.5 的基础上, 我们可以容易地获得最优收获策略.

模型 (2.7) 中人类对种群的捕捞量被假定为常数, 也就是说不考虑捕捞的效益, 即资源价格、打捞成本方面的问题, 这显然是不合理的. 事实上, 正如 Clark (1990) 所提到的, 在确保资源的可持续开发前提下, 人们在开发资源时的开发量往往取决于开发收益, 收益越大单位开发量往往越大. 据此, Song 和 Chen (2001) 根据生物经济学原理 (Clark C W, 1990) 考虑收获量与资源的价格收获成本间的关系, 相应地获得了如下非自治单种群阶段结构模型:

$$
\begin{cases}
\dot{x}_1(t) = \alpha x_2(t) - \gamma x_1(t) - \alpha \mathrm{e}^{-\gamma\tau} x_2(t-\tau), \\
\dot{x}_2(t) = \alpha \mathrm{e}^{-\gamma\tau} x_2(t-\tau) - \beta x_2^2(t) - E(t) x_2(t), \\
\dot{E}(t) = k E(t)(p x_2(t) - c), \\
x_1(t) = \varphi_1(t) \geqslant 0, \quad x_2(t) = \varphi_2(t) \geqslant 0, \quad -\tau \leqslant t \leqslant 0, \ E(0) > 0, \ x_2(0) > 0,
\end{cases}
\tag{2.9}
$$

其中, 所有标记同系统 (2.7). 不同于系统 (2.7) 的是, 这里收获量函数 $E(t)$ 并非常数, 而是一个取决于被收获种群的单位价格常数 p, 以及每单位时间的收获成本常数 c 的变量. 系统 (2.9) 中的第三个方程反映了捕捞量将与项 $E(t)(px_2(t) - c)$ (即单位时间内捕获种群的收益) 成正比, 这里 k 表示正比例常数.

出于模型生物背景, 系统 (2.9) 中需要如下条件:

(H)　$x_2(0) > 0$, $E(0) > 0$, $x_1(t) \geqslant 0$, $x_2(t) \geqslant 0$, 对一切 $-\tau \leqslant t \leqslant 0$ 均成立.

相应地, Song 和 Chen(2001) 得到如下结果.

定理 2.6　若条件 (H) 成立且满足 $\beta c < p\alpha e^{-\gamma\tau}$, 则系统 (2.9) 是一致持续生存的.

事实上, 根据生物经济学原理 (Clark C W, 1990), 生物资源的单位价格往往并非常数, 而是与资源的收获量成某种关系, 因此考虑到这种价格变化情形, 我们可以继续对系统 (2.9) 作进一步改进.

另一方面, 我们知道种群生活的环境往往是波动的而非恒定的. 考虑到生物种群所处的周期性季节替换环境, Song 和 Chen (2001) 还将自治系统 (2.7) 推广到了如下 T 周期的非自治系统:

$$\begin{cases} \dot{x}_1(t) = \alpha(t)x_2(t) - \gamma(t)x_1(t) - \alpha(t-\tau)\exp\left(-\int_{t-\tau}^t \gamma(s)\mathrm{d}s\right)x_2(t-\tau), \\ \dot{x}_2(t) = \alpha(t-\tau)\exp\left(-\int_{t-\tau}^t \gamma(s)\mathrm{d}s\right)x_2(t-\tau) - \beta(t)x_2^2(t) - E(t)x_2(t), \\ x_1(t) = \varphi_1(t) \geqslant 0, \quad x_2(t) = \varphi_2(t) \geqslant 0, \quad -\tau \leqslant t \leqslant 0, x_2(0) > 0, \end{cases} \quad (2.10)$$

其中, $\alpha(t), \gamma(t), \beta(t), E(t)$ 均为正的、T 为周期连续函数, $E(t)$ 为 t 时刻收获量函数. 显然, 式 $\exp\left(-\int_{t-\tau}^t \gamma(s)\mathrm{d}s\right)$ 也是 T 周期函数. 函数 $\varphi_1(t), \varphi_2(t)$ 分别表示幼年、成年种群的初始函数值 $(-\tau \leqslant t \leqslant 0)$. 为确保系统初始条件的连续性, 我们假定

$$x_1(0) = \int_0^\tau \alpha(s-\tau)x_2(s-\tau)\exp\left(\int_0^{s-\tau} \gamma(u)\mathrm{d}u\right)\mathrm{d}s. \quad (2.11)$$

由此, Song 和 Chen (2001) 得到了如下结果:

定理 2.7　若 $\alpha(t), \gamma(t), \beta(t), E(t)$ 为正的、T 周期连续函数且 $E(t) - \alpha(t-\tau)$ $\exp\left(-\int_{t-\tau}^t \gamma(s)\mathrm{d}s\right) < 0$, 则系统 (2.10) 有一个全局吸引的正 T 周期解.

对于常数收获情形, 我们知道 $E = \alpha e^{-\gamma\tau}$ 是对于成年种群进行收获的一个阈值指标. 当收获量满足 $E < \alpha e^{-\gamma\tau}$ 时, 可以确保被收获种群不致灭绝; 反之, 若收获量大于该阈值, 则被收获种群将灭绝.

对于周期环境情形, Song 和 Chen (2001) 的文献中定理 2.7 表明当周期时变收获量函数 $E(t)$ 满足

$$E(t) < \alpha(t-\tau) \exp\left(-\int_{t-\tau}^{t} \gamma(s)\mathrm{d}s\right).$$

时, 所有具有正的初始状态的种群最终将达到正的、稳定的种群数量. 此时, 种群得到开发并能保持可持续的供给.

2.4　带有出生脉冲的单种群阶段结构模型

Tang 和 Chen (2002), 唐三一和肖燕妮 (唐三一, 尚燕妮, 2008) 研究了周期脉冲对单种群阶段结构模型的动力学性质的影响. 由于以上的所有阶段结构模型总是假设成年个体数量是在整年内繁殖的 (然而这往往导致出生是季节性的或者发生有规律的脉冲) 因此成年个体的连续繁殖在模型中被移除, 由一个一年一次的出生脉冲所取代. 那些模型由于受到短期扰动的影响经常在建模过程中被假设为脉冲形式. 因此, 脉冲微分方程提供一个对这个系统 (Bainov D D, Simeonov P S, 1989; Laksmikantham V, Bainov D D, Simeonov P S, 1989) 的整体描述形式, 几乎在自然科学的每一个领域都需要建立这种形式的方程. 关于这方面例子更多的可参见 Bainov 和 Simeonov (1989) 的文献, 他们在文献中描述由于遭受急剧或者瞬间的变化而引发的现象. 脉冲方程也应用于如下方面的生物种群动力学模型中: 接种疫苗 (Agur Z, Cojocaru L, Anderson R, et al, 1993; Shulgin B, Stone L, Agur Z, 1998) 和一些疾病治疗 (Lakmeche A, Arino O, 2000; Paneyya J C, 1996). 按照数学上的处理方式, 脉冲的存在给出了系统一个混合的性态, 既有连续的又有离散的. 系统的定性性质体现在那些离散系统中, 这些离散系统根据先前脉冲之后的状态来决定在经历一个脉冲之后的状态. 在 2.4.3 节中, 将推出 stroboscopic 映射, 这个映射决定了在离散时刻 $m(m$ 是正整数) 每个脉冲出生之后, 未成年个体和成年个体的人口数量. 当成年人口的出生率是受人口密度影响的时候, 离散的动力学系统是由 stroboscopic 映射转变为非线性来决定的. 脉冲出生时刻的人口不是具有一个指数增长率的特点, 而是取决于平衡点的存在性和稳定性, 以及发生在稳定性消失时出现的分支现象和发生分支的动力学模型.

2.4.1　种群模型

在不考虑阶段结构的情况下, Tang 和 Chen (2002) 假设人口数量按照一个人口增长方程

$$\dot{N} = B(N)N - dN \tag{2.12}$$

而改变. 这里, $d > 0$ 是死亡率常数, 并且 $B(N)N$ 是出生率函数, $B(N)$ 对 $N \in (0, \infty)$ 满足以下的基本假设:

　　(A_1)　$B(N) > 0$;

(A$_2$)　$B(N)$ 是连续可微的且满足 $B'(N) < 0$;

(A$_3$)　$B(0^+) > d > B(\infty)$.

注意条件 (A$_2$) 和 (A$_3$) 表明, 对于 $N \in (B(\infty), B(0^+))$ (这里, B^- 定义为 B 的反函数), $B^-(N)$ 存在; 并且 (A$_3$) 给出了容纳能力 K 的存在性, 使得对于 $N < K$ 有 $B(N) > d$, 且对 $N > K$ 有 $B(N) < d$. 在这些假设条件下, 当 $t \to \infty$ 时, 系统的非平凡解 (2.12) 接近唯一的正平衡点 $N^* = K = B^-(d)$. 在生物学的文献中可找到满足 (A$_1$) $\sim$ (A$_3$) 的出生函数 $B(N)$ 的例子:

(B$_1$)　$B_1(N) = be^{-N}$, 其中 $b > d$;

(B$_2$)　$B_2(N) = \dfrac{p}{q + N^n}$, 其中 $p, q, n > 0$ 且 $\dfrac{p}{q} > d$.

函数 $B_1(N)$ 和 $B_2(N)$ (其中, $n = 1$) 被用于捕渔业, 并且分别以 Ricker 函数和 Beverton-Holt 函数而闻名.

2.4.2　带有阶段结构的单种群模型

假设单种群人口在模型 (2.12) 中有阶段结构, 并且人口数量 N 是被划分为未成年和成年两个阶段, 其中每个阶段的数量分别由 $x(t)$, $y(t)$ 给出, 因此有 $N(t) = x(t) + y(t)$, 并且只有成年个体可以繁殖. 这就建立了模型

$$\begin{cases} \dot{x}(t) = B(N(t))y(t) - dx(t) - \delta x(t), \\ \dot{y}(t) = \delta x(t) - dy(t). \end{cases} \quad (2.13)$$

成年个体比率是 $\delta(\delta > 0)$, 取决于年幼时期的平均长度.

容易看出系统 (2.13) 有平衡点 $E_0(0,0)$, 且存在唯一的一个的正平衡点 $E^*(x^*, y^*) = \left(\dfrac{d}{\delta + d} B^- \left(\dfrac{d(d+\delta)}{\delta} \right), \dfrac{\delta}{\delta + d} B^- \left(\dfrac{d(d+\delta)}{\delta} \right) \right)$. 如果

$$B^- \left(\frac{d(d+\delta)}{\delta} \right) > 0, \quad (2.14)$$

对于平衡点 E_0 和 E^* 的局部稳定性, 有以下结果:

定理 2.8　假设 (A$_1$) 和 (A$_2$) 成立: 若 (2.14) 中不等号反向, 则 E_0 是局部渐进稳定的, 若 (2.14) 成立, 则 E_0 不稳定; 若 (2.14) 成立, 则 E^* 是局部渐近稳定的.

现在, 考虑系统解的有界性及系统 (2.13) 的平衡点的全局稳定性.

易证明系统 (2.13) 的解存在、唯一且恒正.

若 $B(\infty) < d$, 则容易看出系统 (2.13) 是耗散的, 即存在一个正常数 $M > 0$, 使得集合

$$\Omega = \{(x,y) | 0 \leqslant x \leqslant M, 0 \leqslant y \leqslant M\}$$

关于系统 (2.13) 是正不变的. 应用 Poincaré-Bendixson 定理, 我们可得系统 (2.13) 的以下全局稳定性结果:

定理 2.9 假设 (A_1), (A_2) 和 $B(\infty) < d$ 成立, 如果不等式 (2.14) 不等号反向, 则 E_0 关于集合 Ω 是全局渐近稳定的; 如果不等式 (2.14) 成立, 则 E^* 关于集合 Ω 是全局渐近稳定的.

2.4.3 单种群具有脉冲生育的阶段结构模型

模型 (2.13) 总是假设成年个体的繁殖是贯穿全年的, 然而实际背景告诉我们, 个体出生往往是季节性的, 可视为有规律的脉冲. 系统 (2.13) 的主要假定是: 个体出生率是在全年中均匀分布的. 建立一个简单的一年一次的出生脉冲 $B(N)$ 是趋于零的, 并且幼年个体的人口密度 $x(t)$ 是增加的, 由一个数量 $B(N)y$ 给出, 这里 t 是一个整数值. 对于单种群人口的动力学方程, 并且考虑幼年和成年个体的比例关系有:

$$\left\{ \begin{array}{l} \dot{x}(t) = -dx(t) - \delta x(t), \\ \dot{y}(t) = \delta x(t) - dy(t), \\ x(m^+) = x(m^-) + B(N(m^-))y(m^-), \end{array} \right. \tag{2.15}$$

其中, m 是一个整数.

用一个类似的方式去分析系统 (2.13) 的解的长期的动力学性质, 现在分析系统 (2.15) 的动力学性质. 代替稳定状态的研究, 我们研究这个系统的 1 周期解, 倍周期分支和混沌现象. 基于这个目标, Tang 和 Chen (2002) 考虑 $B(N)$ 的特殊情况, 即我们考虑 $B(N)$ 有一个 Ricker 函数或者一个 Beverton-Holt 函数的形式, 并且在以下的章节中推出 stroboscopic 映射.

首先, 用 Ricker 函数分析系统 (2.15), 即 $B(N) = be^{-(x+y)}$, 并且系统 (2.15) 变为

$$\left\{ \begin{array}{l} \dot{x}(t) = -dx(t) - \delta x(t), \\ \dot{y}(t) = \delta x(t) - dy(t), \\ x(m^+) = x(m^-) + be^{-(x(m^-)+y(m^-))}y(m^-). \end{array} \right. \tag{2.16}$$

为了研究和解决带有脉冲的系统 (2.16) 中的幼年个体, Tang 和 Chen (2002) 最终将系统 (2.16) 转变为相应的离散系统:

$$\left\{ \begin{array}{l} x_{m+1} = x_m e^{-(\delta+d)} + b[y_m + x_m(1-e^{-\delta})]e^{-[d+e^{-d(x_m+y_m)}]}, \\ y_{m+1} = e^{-d}(1-e^{-\delta})x_m + e^{-d}y_m, \end{array} \right. \tag{2.17}$$

其中, x_m 和 y_m 是在 m 时刻幼年和成年个体人口数量的初值.

如果 $B(N) = \dfrac{p}{q+N^n}$, 则系统 (2.15) 变为

$$\begin{cases} \dot{x}(t) = -dx(t) - \delta x(t), \\ \dot{y}(t) = \delta x(t) - dy(t), \\ x(m^+) = x(m^-) + \dfrac{p}{q + (x(m^-) + y(m^-))^n} y(m^-). \end{cases} \quad (2.18)$$

类似于系统 (2.16), 可推出系统的 stroboscopic 映射

$$\begin{cases} x_{m+1} = x_m \mathrm{e}^{-(\delta+d)} + \dfrac{p\mathrm{e}^{-d}[y_m + x_m(1 - \mathrm{e}^{-\delta})]}{q + \mathrm{e}^{-nd}(x_m + y_m)^n}, \\ y_{m+1} = \mathrm{e}^{-d}(1 - \mathrm{e}^{-\delta})x_m + \mathrm{e}^{-d}y_m. \end{cases} \quad (2.19)$$

那些非线性模型的动力学性质可以被看作一个有任意参数的函数来研究. Tang 和 Chen(2002) 在这里调整 b 作为 Ricker 函数和 p 作为 Beverton-Holt 函数, 并且证明模型 (2.17) 的动力学性质的改变, (2.17) 因 $b(p)$ 的变化而变化. 首先, 平凡平衡点 $\bar{E}_0(0,0)$ 总是方程 (2.17) 或者方程 (2.19) 的一个解. 当 $b(p)$ 足够小, 这个解是局部稳定的, 并且当种族个体数量稀少或者栖息地被入侵时, 物种不能增加. 首先, 将在 $\bar{E}_0(0,0)$ 变成不稳定的条件下考虑, 允许殖民地人口. 其次, 伴随着 $b(p)$ 的增加, $\bar{E}_0$ 的扰动通常伴随出现一个稳定的正平衡点 E^*. 随着 $b(p)$ 的进一步增加, 这个平衡点逐渐变成不稳定的, 出现一个 Flip 分支且平衡点失去稳定性成为一个稳定的 2 周期轨. 最后, 随着 $b(p)$ 的进一步持续增加, 出现特性相同的一列分支族, 在多数情况下, 这就导致了混沌现象的产生.

在 $(x,y) = (0,0)$ 的邻域附近, 方程 (2.17) 和 (2.19) 的动力学性质是由线性方程

$$X_{m+1} = AX_m \quad (2.20)$$

决定的, A 为 (2.17) 或 (2.19) 的线性部分, 且 $X = (x,y)$. 当 A 的特征值小于 1 时, $X = 0$ 是稳定的, 这是成立的, 只有当 A 满足以下三个条件:

$$1 - \mathrm{tr}A + \det A > 0, \quad (2.21)$$

$$1 + \mathrm{tr}A + \det A > 0, \quad (2.22)$$

$$1 - \det A > 0. \quad (2.23)$$

这三个条件相当于在复杂斑块中一个特征根可能离开单位圆的三种方式: 如果不等式 (2.21) 是不成立的, 则 A 的一个特征根是大于 1 的; 如果不等式 (2.22) 是不成立的, 则 A 的一个特征根是小于 -1 的; 最后, 如果不等式 (2.23) 是不成立的, 则 A 在单位圆外有一对复共轭特征根.

由 A 在模型 (2.17) 中的定义, 可以证明不等式 (2.22) 和 (2.23) 是满足的, 并且随着 $b(p)$ 的增长, 不等式 (2.21) 在临界点 $b_0(p_0)$ 上是不成立的. 按照模型的参

数, 经过稍微的重新排列之后, 对于方程 (2.17) 不等式 (2.21) 记作

$$b < \frac{(1 - \mathrm{e}^{-d})(1 - \mathrm{e}^{-(\delta+d)})}{\mathrm{e}^{-d}(1 - \mathrm{e}^{-\delta})} \equiv b_0, \tag{2.24}$$

并且对方程 (2.19) 不等式 (2.21)) 记作

$$p < \frac{q(1 - \mathrm{e}^{-d})(1 - \mathrm{e}^{-(\delta+d)})}{\mathrm{e}^{-d}(1 - \mathrm{e}^{-\delta})} \equiv p_0. \tag{2.25}$$

因此, 为了实现小数量人口从 $X = 0$ 开始增长, $b(p)$ 必须大于 $b_0(p_0)$.

对于差分方程 (2.17) 和 (2.19), 我们也可以定义内在的基本再生数 $\bar{R}_0$(一个个体在其整个生命过程中所繁殖的后代的平均数量). 对于方程 (2.17), $\bar{R}_0$ 是由

$$\bar{R}_0 \doteq R_0^R = \frac{b\mathrm{e}^{-d}(1 - \mathrm{e}^{-\delta})}{(1 - \mathrm{e}^{-d})(1 - \mathrm{e}^{-(\delta+d)})}$$

给出的. 对于方程 (2.19), $\bar{R}_0$ 是由

$$\bar{R}_0 \doteq R_0^B = \frac{p\mathrm{e}^{-d}(1 - \mathrm{e}^{-\delta})}{q(1 - \mathrm{e}^{-d})(1 - \mathrm{e}^{-(\delta+d)})}$$

给出的. 不等式 (2.24), (2.25) 可以被重新记为 $\bar{R}_0^R < 1$ ($\bar{R}_0^B < 1$). 也就是说, 就平均而言, 如果个体在死亡之前不能繁衍后代, 种群就会灭亡.

现在, 考虑正平衡点的分支 $\bar{E}^*(\bar{x}^*, \bar{y}^*)$.

方程 (2.17), (2.19) 存在又一个非零的平衡解且满足

$$\begin{cases} \bar{x}^* = \mathrm{e}^{-(\delta+d)}\bar{x}^* + b[\bar{y}^* + \bar{x}^*(1 - \mathrm{e}^{-\delta})]\mathrm{e}^{-[d+\mathrm{e}^{-d}(\bar{x}^*+\bar{y}^*)]}, \\ \bar{y}^* = \mathrm{e}^{-d}(1 - \mathrm{e}^{-\delta})\bar{x}^* + \mathrm{e}^{-d}\bar{y}^* \end{cases} \tag{2.26}$$

或

$$\begin{cases} \bar{x}^* = \mathrm{e}^{-(\delta+d)}\bar{x}^* + \dfrac{p\mathrm{e}^{-d}[\bar{y}^* + \bar{x}^*(1 - \mathrm{e}^{-\delta})]}{q + \mathrm{e}^{-nd}(\bar{x}^* + \bar{y}^*)^n}, \\ \bar{y}^* = \mathrm{e}^{-d}(1 - \mathrm{e}^{-\delta})\bar{x}^* + \mathrm{e}^{-d}\bar{y}^*. \end{cases} \tag{2.27}$$

如果 $\bar{R}_0 > 1$, 则存在一个唯一的正平衡点 $\bar{E}^*$. 这个关于带有出生脉冲的每一个模型的平衡点在表 1 中给出.

从表 1 看出当 $b = b_0(p = p_0)$, $\bar{R}_0 = 1$ 时, 则有 $\bar{E}^* = (0, 0)$. 因此, 随着 $b(p)$ 递增通过 $b_0(p_0)$, $\bar{E}^*$ 通过平衡点 $(0, 0)$, 并且在一个 transcritical 分叉后它的稳定性发生了改变.

表 1　　带有出生脉冲的这两个模型的非平凡的平衡点

函数类型	平衡点	$\bar{R}_0 \doteq R_0^R (\text{或者 } R_0^B)$
Ricker	$\bar{x}^* = \dfrac{(1 - e^{-d})}{e^{-d}(1 - e^{-(\delta+d)})} \ln R_0^R$ $\bar{y}^* = \dfrac{(1 - e^{-\delta})}{(1 - e^{-(\delta+d)})} \ln R_0^R$	$R_0^R = \dfrac{be^{-d}(1 - e^{-\delta})}{(1 - e^{-d})(1 - e^{-(\delta+d)})}$
Beverton-Holt	$\bar{x}^* = \dfrac{(1 - e^{-d})}{e^{-d}(1 - e^{-(\delta+d)})} \sqrt[n]{q(R_0^B - 1)}$ $\bar{y}^* = \dfrac{(1 - e^{-\delta})}{(1 - e^{-(\delta+d)})} \sqrt[n]{q(R_0^B - 1)}$	$R_0^B = \dfrac{pe^{-d}(1 - e^{-\delta})}{q(1 - e^{-d})(1 - e^{-(\delta+d)})}$

随着 $b(p)$ 的进一步增加, $\bar{E}^*$ 仍然保持稳定直到 $b(p)$ 到达另一个临界点 $b = b_c(p = p_c)$. b_c, p_c 的表达式列在表 2 中给出.

表 2　　对每两个密度制约的类型, 参数 $b(p)$ 的临界值为 $b_c(p_c)$,
如果稳定, 一定有 $b(p)$ 小于 $b_c(p_c)$

函数类型	稳定条件	分支类型
Ricker	$b < b_c \equiv b_0 e^{[(1-e^{-d})(1+e^{-d}) + \frac{(1-e^{-d})^3(1-e^{-(\delta+d)})}{(1-e^{-\delta})(1+e^{-\delta+d})}]}$	Flip 分支
Beverton-Holt	$p < p_c \equiv p_0 \dfrac{n(1 - e^{-d})(1 + e^{-(\delta+d)})}{n(1 - e^{-d})(1 + e^{-(\delta+d)}) - 2(1 + e^{-(\delta+2d)})}$	Flip 分支

只有当 $b(p)$ 是增加时, $\bar{E}^*$ 的稳定性会消失. 在密度制约繁殖模型 (2.17) 或 (2.19) 中, 对于 $b > b_c(p > p_c)$, 条件 (2.22) 是不成立的.

到目前为止, 我们用 Ricker 函数或 Beverton-Holt 函数考虑系统 (2.15) 的平衡点, 尤其是考虑那些平衡点的稳定性. 但是超出 $b_c(p_c)$, 方程 (2.17) 和 (2.19) 表现出一些更广泛的动力学行为.

随着 $b(p)$ 的增加超过 $b_c(p_c)$, 它将经历一系列的分支最终产生混沌现象. 在表 2 中, 我们描绘了方程 (2.17) 和 (2.19) 的分支图. 在第一个 Flip 分支后, 这两个模型经历一系列的倍周期分支, 当 b(或 p) 增加时, 其中一个周期为 2^k 的闭轨失去稳定性并且一个周期为 2^{k+1} 的稳定轨道产生. 对于 $b(p)$ 的一些小的变化, 大周期是稳定的. 最终, 混沌现象产生. 这种倍周期到混沌的过程是 Logistic-Ricker 映射的作用 (May R M, 1974; May R M, Oster G F, 1976), 并且广泛地被数学家研究 (Collet P, Eckmann J P, 1980; Eckmann J P, 1983). 随着 $b(p)$ 的进一步增加, 种群依次穿过它们自己的倍周期序列, 停留在不同的周期轨道中.

出生模型的分支图显示了另一种有趣的现象. 像上面指出的, 当 $b(p)$ 增加时, 所有的分支图都呈现出混沌动力学的变化和低周期轨道的特点. 注意到如果左侧闭轨给定一个混沌周期为 k, 则右侧闭轨的周期为 $k + 1$. 这种被称为 "周期–累加" 序列可在化学反应 (Epstein I R, 1983; Hauser M J B, Olsen L F, Bronnikov T V, et al, 1997) 和电循环 (Hung Y F, Yen T C, Chern J L, 1995) 中观察到, 并且在一维微

分方程 (Kaneko K, 1982; Kaneko K, 1983) 中被研究. 周期–累加也同样出现在带有密度制约再生数的时滞差分方程人口模型 (Botsford L W, 1992) 中, 并且密度制约年龄结构模型由 Guckenheimer 等 (1977) 进行了研究.

2.4.4 系统 (2.16) 与系统 (2.17) 的联系

在经典的微分方程理论中, 系统本身的状态是连续的, 然而近年来, 人们发现有许多生物现象, 以及人们对某些生命现象的优化控制, 并非是一个连续的过程, 不能单纯的用微分方程或差分方程来进行描述. 例如, 人工放养塘鱼, 在一定时间间隔进行捕捞, 大鱼就会瞬间大量减少, 投放鱼苗, 小鱼就会瞬间大量增加; 动物自然保护区短期开放狩猎, 也会使种群剧减; 儿童在一定时间间隔内接种疫苗; 一个地区的突发事件导致该地区人口突变等. 在药物动力学中, 药物在人体内的吸收、代谢、排泄等是一个连续过程, 可以用动力学的模型来进行描述. 但是, 口服药物及静脉注射则是一个脉冲的瞬时行为, 要把这个瞬时的行为和体内药物流动的行为结合起来研究的数学模型, 则是一个脉冲微分方程模型. 我们要应用脉冲微分方程的理论和方法来研究制订合理用药的最佳方案. 类似地, 在传染病动力学中, 提出预防疾病流行而制订免疫接种的最优策略; 在渔业养殖与森林管理中如何进行养殖、收获、种植和砍伐的优化方案, 使得既能保持持续生产又能有最好的收益; 在植物保护研究中提出防治害虫的最优管理策略, 包括合理使用农药或培养天敌的优化方案; 在环境保护中, 用以研究如何更有效地保护生物的多样性, 等等.

在单种群阶段结构模型中, 考虑到许多种群的生育均为季节性的离散事件, 而非每时每刻都发生的连续事件, 这种行为实际上是一种脉冲式而非连续的生育模式. Tang 和 Chen (2002) 对这种生育模式进行了研究并提出了具有生育脉冲的阶段结构模型. Tang 和 Chen (2002) 建立了具有周期性脉冲生育的阶段结构模型. 关于脉冲微分方程的文献, 读者可参阅 Bainov 和 Simeonov 合著的文献 (Bainov D D, Simeonov P S, 1989) 及 Laksmikantham 等的文献 (Laksmikantham V, Bainov D D, Simeonov P S, 1989).

假定种群 N 分为幼年和成年两个阶段, 分别以 $x(t)$ 和 $y(t)$ 表示, 因而 $N(t) = x(t) + y(t)$, 假定只有成年可以生育, 当成年的生育是连续事件时, Tang 和 Chen (2002) 得到如下阶段结构模型:

$$\begin{cases} \dot{x}(t) = B(N(t))y(t) - dx(t) - \delta x(t), \\ \dot{y}(t) = \delta x(t) - dy(t), \end{cases} \tag{2.28}$$

其中, $\delta(\delta > 0)$ 为幼年的成熟率, $B(N(t))$ 为成年的产仔率. 在通常的生物学文献中, $B(N(t))$ 有以下不同形式:

(B_1) Ricker 函数即 $B_1(N) = b e^{-N}$, 其中 $b > d$;

(B$_2$) Beverton-Holt 函数即 $B_2(N) = \dfrac{p}{q + N^n}$, $p, q, n > 0$ 且 $\dfrac{p}{q} > d$.

由于模型 (2.13) 假定成年种群在一年的每个时刻都在不停的产仔. 根据以上的分析这是不符合实际背景的, 因为种群的产仔往往在一年中某个季节中的一段时间 (Tang S Y, Chen L S, 2002). 故可假定种群仅在一个生长周期中的某个时间点产仔, 在模型 (2.13) 中引入脉冲生育. 具体建模过程如下:

假定成年在每个环境周期 (如一年) 内有一个产仔时刻, 在此时刻成年以脉冲方式产仔, 产仔率为 $B(N(t))$, 而在此周期的其他时刻不产仔. 由此, Tang 和 Chen (2002) 建立了如下具有周期性脉冲生育的阶段结构模型:

$$\begin{cases} \dot{x}(t) = -dx(t) - \delta x(t), \\ \dot{y}(t) = \delta x(t) - dy(t), \\ x(m^+) = x(m^-) + B(N(m^-))y(m^-), \end{cases} \tag{2.29}$$

其中, m 为整数.

当 $B(N) = be^{-(x+y)}$ 时, 系统 (2.29) 变成

$$\begin{cases} \dot{x}(t) = -dx(t) - \delta x(t), \\ \dot{y}(t) = \delta x(t) - dy(t), \\ x(m^+) = x(m^-) + be^{-(x(m^-)+y(m^-))}y(m^-). \end{cases} \tag{2.30}$$

注意系统 (2.30) 可解, 从而转化成为如下相应的离散系统:

$$\begin{cases} x_{m+1} = x_m e^{-(\delta+d)} + b[y_m + x_m(1 - e^{-\delta})]e^{-[d+e^{-d(x_m+y_m)}]}, \\ y_{m+1} = e^{-d}(1 - e^{-\delta})x_m + e^{-d}y_m, \end{cases} \tag{2.31}$$

其中, x_m, y_m 分别表示幼年和成年在时刻 m 的初始值.

若 $B(N) = \dfrac{p}{q + N^n}$, 则系统 (2.29) 化成

$$\begin{cases} \dot{x}(t) = -dx(t) - \delta x(t), \\ \dot{y}(t) = \delta x(t) - dy(t), \\ x(m^+) = x(m^-) + \dfrac{p}{q + (x(m^-) + y(m^-))^n}y(m^-). \end{cases} \tag{2.32}$$

类似地, 系统 (2.32) 可以转化成如下相应的离散系统:

$$\begin{cases} x_{m+1} = x_m e^{-(\delta+d)} + \dfrac{pe^{-d}[y_m + x_m(1 - e^{-\delta})]}{q + e^{-nd}(x_m + y_m)^n}, \\ y_{m+1} = e^{-d}(1 - e^{-\delta})x_m + e^{-d}y_m. \end{cases} \tag{2.33}$$

从而对脉冲系统 (2.30), (2.32) 的研究相应地可以转换到研究其对应的离散系统 (2.31), (2.33) 上来, 这是 Tang 和 Chen (2002) 分析的基本思路.

Tang 和 Chen (2002) 指出系统 (2.13) 的动力性质由其平衡点支配; 系统 (2.13) 有两个平衡点, 分别对应灭绝和共存, 这两个平衡点是其所有的吸引子. 而系统 (2.29) 的动力行为则依赖于周期和混沌动力系统. 比较无脉冲的系统 (2.13) 与其相应的脉冲系统 (2.29), 成年种群周期性的脉冲生育可以导致如下现象: ① 破坏平衡点; ② 倍周期分支; ③ 产生混沌. 脉冲使得自然的周期解可能沿着倍周期分支的路线走向混沌.

2.5 具有自食和合作的单种群阶段结构模型

自食是种群特别是某些昆虫中常见的现象, 即这些种群中的成年个体会捕食其幼年个体. 同时, 成年个体和幼年个体之间有可能存在合作关系. 考虑到这些背景, Freedman 和 Wu(1991) 中将模型 (1.2) 写成如下形式:

$$\begin{cases} \dot{x}_1(t) = \alpha x_2(t) - \gamma x_1(t) - \alpha e^{-\gamma\tau} x_2(t-\tau) + c x_1(t) x_2(t), \\ \dot{x}_2(t) = \alpha e^{-\gamma\tau} x_2(t-\tau) - \beta x_2^2(t) + d x_1(t) x_2(t), \quad t > \tau, \end{cases} \quad (2.34)$$

其中, $x_1(t), x_2(t), \gamma, \alpha, \beta$ 的定义见模型 (1.2), 成年和幼年相互作用项 (或者自食或者合作) 分别为 $c x_1(t) x_2(t)$ 和 $d x_1(t) x_2(t)$. 当 $c < 0, d > 0$ 时, 即成年捕食幼年时, Freedman 和 Wu (1991) 证明若保持 α, β, c 和 γ 不变而增加 d 直至无穷, 则系统唯一正平衡点将产生无穷多的 Hopf 分支周期解; 若 $c > 0, d > 0$, 即成年与幼年互为合作关系时, Hopf 分支则不可能产生.

第3章 阶段结构竞争系统模型

竞争是常见的一种种群关系, 各个种群为争夺共同的资源而进行竞争. 考虑种群在其各个不同阶段存在竞争能力的差异, 便形成了阶段结构的竞争系统.

在本章里, 我们运用系统 (1.2) 的建模方法, 建立和分析一系列具有阶段结构的 Lotka-Volterra 系统. 我们的主要目标是研究竞争系统在引入阶段结构之后的解的渐近性质及阶段结构对这些渐近性质的影响. 本章内容是这样组织的, 在 3.1 节中, 我们建立并分析具有阶段结构的两种群自治的 Lotka-Volterra 竞争模型; 3.2 节主要考虑多种群自治的 Lotka-Volterra 竞争模型的渐近性质, 在本章的最后一节 3.3 节, 我们将 3.1 节和 3.2 节中的模型推广到非自治的情形.

3.1 两种群阶段结构竞争系统

3.1.1 两种群阶段结构自治模型

考虑如下竞争的 Lotka-Volterra 系统:

$$\dot{x}_i(t) = x_i(t)\left(b_i(t) - \sum_{j=1}^{2} a_{ij}(t)x_j(t)\right), \quad i = 1, 2, \cdots, n, \tag{3.1}$$

其中, $x_i(t)$ 代表第 i 种群在 t 时刻的密度, $b_i(t), a_{ij}(t) > 0$ 对一切 $i, j = 1, 2, \cdots, n$ 和 $t > 0$ 均成立, $\dot{x}_i(t)$ 表示 $\dfrac{\mathrm{d}(x_i(t))}{\mathrm{d}t}$. 系统 (3.1) 是一个非常重要的种群动力系统, 已有许多作者对这类系统进行了研究 (Ahmad S, Lazer A C, 1994; 陈兰荪, 1988; Hofbauer J, Sigmund K, 1988; May R M, 1975; Murray J D, 1989; Tineo A, 1995; Waltman E C, 1983; Zeeman M L, 1993, 1995); 对系统 (3.1), 当 $n = 2$ 及 $b_i(t), a_{ij}(t)$ 均为正常数时, 其变成了如下的系统:

$$\dot{x}_i(t) = x_i(t)\left(b_i - \sum_{j=1}^{2} a(t)x_j(t)\right), \quad i = 1, 2. \tag{3.2}$$

对系统 (3.2), 假定其解满足正的初值条件, 则有三个非常著名关于其解的全局渐近性的定理 (陈兰荪, 1988; Murray J D, 1989) 如下:

定理 3.1 假定系统系统 (3.2) 满足条件

$$\frac{a_{11}}{a_{21}} > \frac{b_1}{b_2} > \frac{a_{12}}{a_{22}}, \tag{3.3}$$

则系统 (3.2) 有一个全局渐近稳定的正平衡点.

定理 3.2　假定系统 (3.2) 满足条件

$$\frac{b_1}{b_2} > \frac{a_{11}}{a_{21}}, \quad \frac{b_1}{b_2} > \frac{a_{12}}{a_{22}}, \tag{3.4}$$

则平衡点 $\left(\dfrac{b_1}{a_{11}}, 0 \right)$ 是全局渐近稳定的.

定理 3.3　假定系统 (3.2) 满足条件

$$\frac{b_1}{b_2} < \frac{a_{11}}{a_{21}}, \quad \frac{b_1}{b_2} < \frac{a_{12}}{a_{22}}, \tag{3.5}$$

则平衡点 $\left(0, \dfrac{b_2}{a_{22}} \right)$ 是全局渐近稳定的.

从建模背景上来看, 系统 (3.2) 显然假定了每一个种群从其幼体阶段到成熟阶段再到其衰老阶段, 都是具有一成不变的密度制约率、繁殖率及与其他种群竞争的能力. 显然, 这种假定并不符合实际的背景. 因为, 对于许多生物种群 (如哺乳动物和许多种鸟类), 其幼仔 (鸟) 相对其成年的种群非常弱小, 其发育需要其亲体 (鸟) 的抚养, 一般不具备繁殖和与其他种群竞争的能力. 所以, 考虑这类背景的种群模型时, 我们必须在分别考虑其成年种群和幼年种群的基础上建立相应的模型, 这样才能比较准确的建模. 因而, 在本节内容中, 我们将建立并分析具有阶段结构的两种群竞争模型, 得到其解的全局渐近性质并讨论阶段结构对种群渐近性态的影响.

我们假设此竞争系统由两个相互竞争的种群组成, 分别记这两个种群为种群 1 和种群 2. 将每一个种群分为两个阶段: 成体和幼体, 分别以 $x_i(t)$ 和 $y_i(t)$ $(i = 1, 2)$ 表示种群 i 在 t 时刻的成体和幼体的密度, τ_i 为种群 i 幼体的成熟期. 为了建立模型, 需要几个假定如下:

(A1) 幼体 i(即 $y_i(t)$) 的出生率与成体 i(即 $x_i(t)$)$(i = 1, 2)$ 的数目成正比, 比率常数为 $b_i > 0$;

(A2) 两种群为争夺有限的资源展开竞争, 但是只有成体参与竞争, 而幼体由于相对弱小, 故假定其不参与竞争;

(A3) 幼体 $y_i(t)$ 没有生殖的能力, 其死亡率与幼体 $y_i(t)$ 个数成正比, 比率常数为 $d_i > 0$;

(A4) 种群 i 的成熟期长度分别为 $\tau_i \geqslant 0$, $i = 1, 2$, 即 $t - \tau_i$ 时刻出生的幼体 $y_i(t)$ 如果能成活到 t 时刻, 则将脱离幼体变成成年个体. 我们可以推导出 t 时刻种群 i 成熟的幼体的数目为 $b_i \mathrm{e}^{-d_i \tau_i} x_i(t - \tau_i)$, $i = 1, 2$.

根据以上的 4 点假设, 我们得到了如下具有阶段结构的两种群竞争系统:

$$
\begin{cases}
\dot{x}_1(t) = b_1 \mathrm{e}^{-d_1\tau_1} x_1(t-\tau_1) - a_{11}x_1^2(t) - a_{12}x_1(t)x_2(t), \\
\dot{y}_1(t) = b_1 x_1(t) - d_1 y_1(t) - b_1 \mathrm{e}^{-d_1\tau_1} x_1(t-\tau_1), \\
\dot{x}_2(t) = b_2 \mathrm{e}^{-d_2\tau_2} x_2(t-\tau_2) - a_{21}x_1(t)x_2(t) - a_{22}x_2^2(t), \\
\dot{y}_2(t) = b_2 x_2(t) - d_2 y_2(t) - b_2 \mathrm{e}^{-d_2\tau_2} x_2(t-\tau_2), \quad t \geqslant 0, \\
x_1(t) = \varphi_1(t), x_2(t) = \varphi_2(t), y_1(t) = \xi_1(t), y_2 = \xi_2(t), \quad -\tau_i \leqslant t \leqslant 0, \ i = 1,2.
\end{cases}
\tag{3.6}
$$

为了保持系统 (3.6) 解的连续性, 我们需要

$$
y_i(0) = \int_{-\tau_i}^{0} \xi_i(s) \mathrm{e}^{d_i s} \mathrm{d}s, \quad i = 1,2,
$$

并且我们始终假设系统 (3.6) 满足 $y_i(0) > 0$, $\varphi_i(t) > 0 (-\tau_i \leqslant t \leqslant 0, i=1,2)$.

定义 3.1　记 $\zeta_i = d_i\tau_i (i=1,2)$ 在本节内容中, 我们称 ζ_i 为种群 i 的阶段结构度, 这里 $i = 1,2$.

注释 3.1　当系统 (3.6) 中的 $\tau_1 = \tau_2 = 0$ 时, $\lim\limits_{t\to\infty} y_i(t) = 0$, $i = 1,2$, 即系统 (3.6) 变为系统 (3.2), 因而系统 (3.6) 推广了系统 (3.2); 系统 (1.2) 显然是系统 (3.6) 的一个特例, 故我们的模型 (3.6) 联结了 (1.2) 和 (3.2).

3.1.2　主要结果

注意, 在模型 (3.6) 中, 关于变量 y_1 和 y_2 的方程具有如下形式:

$$
\dot{y}_i = -d_i y_i + f_i(x_i(t), x_i(t-\tau_i)), \quad i = 1,2,
$$

其中, $f_i(x_i(t), x_i(t-\tau_i)) = b_i x_i(t) - b_i \mathrm{e}^{-\zeta_i} x_i(t-\tau_i)$. 由常微分方程中的基本定理可知, 若 $x_i(t)$ 有界则必可以推导出 $y_i(t)$ 有界; 同时若 $\lim\limits_{t\to\infty} x_i(t) = x_i^*$, 则有 $\lim\limits_{t\to\infty} y_i(t) = f(x_i^*, x_i^*)/d_i$. 也即 $y_i(t)$ 的渐近性质依赖于 $x_i(t)$ 的渐近性质. 由此, 在本节中, 我们只需研究系统 (3.6) 的如下子系统的渐近性:

$$
\begin{cases}
\dot{x}_1(t) = b_1 \mathrm{e}^{-d_1\tau_1} x_1(t-\tau_1) - a_{11}x_1^2(t) - a_{12}x_1(t)x_2(t), \\
\dot{x}_2(t) = b_2 \mathrm{e}^{-d_2\tau_2} x_2(t-\tau_2) - a_{21}x_1(t)x_2(t) - a_{22}x_2^2(t).
\end{cases}
\tag{3.7}
$$

即可对系统 (3.7), 令 $\dot{x}_1 = \dot{x}_2 = 0$, 解如下方程组:

$$
\begin{cases}
b_1 \mathrm{e}^{-\zeta_1} x_1 - a_{12}x_1 x_2 - a_{11}x_1^2 = 0, \\
b_2 \mathrm{e}^{-\zeta_2} x_2 - a_{21}x_1 x_2 - a_{22}x_2^2 = 0,
\end{cases}
$$

即可得到以下三个非负平衡点 $x = (x_1, x_2)$:

$$
E_0 = (0,0), \quad E_1 = \left(\frac{b_1 \mathrm{e}^{-\zeta_1}}{a_{11}}, 0 \right), \quad E_2 = \left(0, \frac{b_2 \mathrm{e}^{-\zeta_2}}{a_{22}} \right).
$$

此外, 若条件

$$\frac{a_{12}}{a_{22}} < \frac{b_1 \mathrm{e}^{-\zeta_1}}{b_2 \mathrm{e}^{-\zeta_2}} < \frac{a_{11}}{a_{21}} \tag{3.8}$$

或者条件

$$\frac{a_{12}}{a_{22}} > \frac{b_1 \mathrm{e}^{-\zeta_1}}{b_2 \mathrm{e}^{-\zeta_2}} > \frac{a_{11}}{a_{21}} \tag{3.9}$$

得到满足, 则系统 (3.7) 有一个唯一的正平衡点 $E = (x_1^*, x_2^*)$, 这里

$$x_1^* = \frac{a_{22}b_1 \mathrm{e}^{-\zeta_1} - a_{12}b_2 \mathrm{e}^{-\zeta_2}}{a_{11}a_{22} - a_{12}a_{21}}, \quad x_2^* = \frac{a_{11}b_2 \mathrm{e}^{-\zeta_2} - a_{21}b_1 \mathrm{e}^{-\zeta_1}}{a_{11}a_{22} - a_{12}a_{21}}.$$

下面考虑系统 (3.7) 的这些平衡点的局部渐近稳定性.

平衡点 E_0 处的关于 λ 的特征方程为

$$(\lambda - b_1 \mathrm{e}^{-\zeta_1 - \lambda\tau_1})(\lambda - b_1 \mathrm{e}^{-\zeta_2 - \lambda\tau_2}) = 0.$$

由于方程 $\lambda - b_1 \mathrm{e}^{-\zeta_1 - \lambda\tau_1} = 0$ 与 $\lambda - b_1 \mathrm{e}^{-\zeta_2 - \lambda\tau_2} = 0$ 总有一个正的特征根, 故 E_0 为不稳定平衡点.

考虑平衡点 E, 其关于 λ 的特征方程为

$$\begin{aligned} C(\lambda) = &(\lambda - b_1 \mathrm{e}^{-\zeta_1 - \lambda\tau_1} + 2a_{11}x_1^* + a_{12}x_2^*)(\lambda - b_2 \mathrm{e}^{-\zeta_2 - \lambda\tau_2} \\ &+ 2a_{22}x_2^* + a_{21}x_1^*) - a_{12}a_{21}x_1^*x_2^* = 0. \end{aligned} \tag{3.10}$$

下面将证明当条件 (3.8) 成立时, E 是局部渐近稳定的. 只需证明关于 λ 的方程 $C(\lambda) = 0$ 的根的实部必为负即可. 令 $\lambda = u + \mathrm{i}v$, 这里 u, v 为实数. 记

$$A_1 = v + b_1 \mathrm{e}^{-\zeta_1 - u\tau_1} \sin(v\tau_1), \quad B_1 = u + 2a_{11}x_1^* + a_{12}x_2^* - b_1 \mathrm{e}^{-\zeta_1 - u\tau_1} \cos(v\tau_1),$$
$$A_2 = v + b_2 \mathrm{e}^{-\zeta_2 - u\tau_2} \sin(v\tau_2), \quad B_2 = u + 2a_{22}x_2^* + a_{21}x_1^* - b_2 \mathrm{e}^{-\zeta_2 - u\tau_2} \cos(v\tau_2).$$

将 $\lambda = u + \mathrm{i}v$ 代入方程 (3.10) 得

$$-A_1 A_2 + B_1 B_2 = a_{12}a_{21}x_1^*x_2^*, \quad A_1 B_2 + A_2 B_1 = 0.$$

因而, 推得

$$(a_{12}a_{21}x_1^*x_2^*)^2 = (-A_1 A_2 + B_1 B_2)^2 = (A_1 A_2)^2 + (B_1 B_2)^2 - 2A_1 A_2 B_1 B_2.$$

注意到 $A_1 B_2 = -A_2 B_1$, $-A_1 A_2 B_1 B_2 = (A_1 B_2)^2 = (A_2 B_1)^2$. 于是有

$$(A_1 A_2)^2 + (B_1 B_2)^2 + (A_2 B_1)^2 + (A_1 B_2)^2 = (a_{21}a_{12}x_1^*x_2^*)^2.$$

证明必有 $u < 0$, 如若不然, 存在 $u \geqslant 0$, 则有 $B_1 \geqslant -b_1 e^{-\zeta_1} + 2a_{11}x_1^* + a_{12}x_2^* = a_{11}x_1^* > 0$. 类似地, $B_2 \geqslant a_{22}x_2^* > 0$. 从而有 $B_1B_2 > a_{11}a_{22}x_1^*x_2^*$. 因此有

$$(a_{12}a_{21}x_1^*x_2^*)^2 \geqslant (B_1B_2)^2 > (a_{11}a_{22}x_1^*x_2^*)^2.$$

然而根据条件 (3.8), 这是不可能的, 矛盾. 故得 $C(\lambda) = 0$ 的所有根的实部均为负的. 从而有

命题 3.1　若系统 (3.7) 满足条件 (3.8) 时, 则平衡点 E 是局部渐近稳定的.

但是, 若系统 (3.7) 满足条件 (3.9) 时, 平衡点 E 的稳定性将改变. 考虑此时平衡点 E 的特征根, 由其特征方程 (3.10) 式, 可得

$$\begin{aligned}C(0) &= (-b_1 e^{-\zeta_1} + 2a_{11}x_1^* + a_{12}x_2^*)(-b_2 e^{-\zeta_2} + 2a_{22}x_2^* + a_{21}x_1^*) - a_{12}a_{21}x_1^*x_2^* \\ &= (a_{11}a_{22} - a_{12}a_{21})x_1^*x_2^* < 0.\end{aligned}$$

注意, 存在一个充分大的 $\lambda > 0$, 使得 $F(\lambda) > 0$. 故由介值定理可知方程 (3.10) 至少有一个正的实根. 这表明, 条件 (3.9) 成立时, E 是不稳定的平衡点. 从而得

命题 3.2　若系统 (3.7) 满足条件 (3.9) 时, 则平衡点 E 不稳定.

用类似的方法, 我们可知若系统 (3.7) 满足条件 (3.9), 则平衡点 E_1, E_2 均局部渐近稳定. 进一步还可得

命题 3.3　若系统 (3.7) 满足条件

$$\frac{b_1 e^{-\zeta_1}}{b_2 e^{-\zeta_2}} > \frac{a_{11}}{a_{21}}, \quad \frac{b_1 e^{-\zeta_1}}{b_2 e^{-\zeta_2}} > \frac{a_{12}}{a_{22}}, \tag{3.11}$$

则平衡点 E_1 均局部渐近稳定.

命题 3.4　若系统 (3.7) 满足条件

$$\frac{b_1 e^{-\zeta_1}}{b_2 e^{-\zeta_2}} < \frac{a_{11}}{a_{21}}, \quad \frac{b_1 e^{-\zeta_1}}{b_2 e^{-\zeta_2}} < \frac{a_{12}}{a_{22}}, \tag{3.12}$$

则平衡点 E_2 均局部渐近稳定.

下面, 我们列出本节内容的主要结果.

定理 3.4　若系统 (3.7) 满足条件 (3.8), 则平衡点 E 是全局渐近稳定的.

定理 3.5　若系统 (3.7) 满足条件 (3.11), 则平衡点 E_1 是全局渐近稳定的.

定理 3.6　若系统 (3.7) 满足条件 (3.12), 则平衡点 E_2 是全局渐近稳定的.

注释 3.2　由定理 3.4~定理 3.6, 我们得到了系统 (3.7) 解的渐近行为的结果. 然而, 由于系统 (3.6) 中幼体 y_i 的渐近行为依赖于成体 $x_i, i = 1, 2$ 的渐近行为, 所以我们由定理 3.4~定理 3.6 可以得到关于系统 (3.6) 的解的渐近行为的如下结果:

(1) 若系统 (3.6) 满足条件 (3.8), 则系统 (3.6) 有一个唯一全局渐近稳定的正平衡点;

(2) 若系统 (3.6) 满足条件 (3.11), 则系统 (3.6) 中种群 2 的成体和幼体都将绝灭 (即 $\lim\limits_{t\to\infty} x_2(t) = \lim\limits_{t\to\infty} y_2(t) = 0$), 而种群 1 的成体和幼体将全局渐近稳定于其相应的正常数;

(3) 若系统 (3.6) 满足条件 (3.12), 则系统 (3.6) 中种群 1 的成体和幼体都将绝灭 (即 $\lim\limits_{t\to\infty} x_1(t) = \lim\limits_{t\to\infty} y_1(t) = 0$), 而种群 2 的成体和幼体将全局渐近稳定于其相应的正常数.

注释 3.3 注意当 $\tau_1 = \tau_2 = 0$ 时, 系统 (3.6) 变成了系统 (3.2), 而同时, 系统 (3.6) 中的条件 (3.8), (3.11), (3.12) 分别变成了条件 (3.3), (3.4), (3.5). 所以, 我们这一节的定理 3.4~定理 3.6 分别将定理 3.1、定理 3.2 推广到了含有阶段结构的竞争系统中.

3.1.3 主要结果的证明

在证明定理 3.4~定理 3.6 之前, 我们需要证明如下的一些引理:

引理 3.1 对系统 (3.7), 有

(1) 系统 (3.7) 的解 $x_i(t) > 0, i = 1, 2$ 对所有的 $t > 0$ 均成立;

(2) 系统 (3.7) 的所有的解均最终有界.

证明 (1) 我们只需证明 $x_1(t) > 0$ 对一切 $t > 0$ 均成立, $x_2(t)$ 可以由此类似证明. 用反证法, 假设结论不成立, 由系统 (3.7) 的初始条件可知, 则必存在一个 $t' > 0$ 使得 $x_1(t') = 0$, 记 $t_0 = \inf\{t > 0 | x_1(t) = 0\}$, 则由 $x_1(0) > 0$ 可知 $t_0 > 0$, 从系统 (3.7) 的第一个方程得

$$\dot{x}_1(t_0) = \begin{cases} b_1 \mathrm{e}^{-\zeta_1} \varphi_1(t_0 - \tau_1) > 0, & 0 \leqslant t_0 \leqslant \tau_1, \\ b_1 \mathrm{e}^{-\zeta_1} x_1(t_0 - \tau_1) > 0, & t_0 > \tau_1. \end{cases}$$

从而有 $\dot{x}_1(t_0) > 0$, 但由 t_0 的定义得 $\dot{x}_1(t_0) \leqslant 0$, 矛盾. 所以, $x_1(t) > 0$ 对一切 $t > 0$ 均成立.

(2) 由于 $x_1(t), x_2(t) > 0$ 对一切 $t > 0$ 均成立, 由系统 (3.7) 的第一个方程得 $\dot{x}_1(t) \leqslant b_1 \mathrm{e}^{-\zeta_1} x_1(t - \tau_1) - a_{11} x_1^2(t)$. 令 $u(t)$ 为方程 $\dot{u}(t) = b_1 \mathrm{e}^{-\zeta_1} u(t - \tau_1) - a_{11} u^2(t)$ 的满足 $u(t) = \varphi_1(t)(-\tau_1 \leqslant t \leqslant 0)$ 条件的解, 则有 $u(t) \geqslant x_1(t) > 0 (t \geqslant 0)$. 由 Aiello 和 Freedman(1990) 的文献中的定理 2 可知 $u(t)$ 是最终有界的, 运用比较定理我们推得 $x_1(t)$ 亦为最终有界的, 即存在正常数 M 和 T $(T > \max\{\tau_1, \tau_2\})$, 使得 $x_1(t) < M$ 对一切 $t \geqslant T - \tau$ 均成立. 类似的可知 $x_2(t)$ 也是最终有界的, 引理 3.1 得证.

引理 3.2 考虑时滞方程

$$\dot{x}(t) = bx(t - \tau) - a_1 x(t) - a_2 x^2(t), \tag{3.13}$$

其中, $a_1 \geqslant 0, a_2, b, \tau > 0$, $x(t) > 0$ 对一切 $-\tau \leqslant t \leqslant 0$ 均成立, 则有

(i) 若 $b > a_1$, 则 $\lim\limits_{t \to +\infty} x(t) = \dfrac{b - a_1}{a_2}$;

(ii) 若 $b < a_1$, 则 $\lim\limits_{t \to +\infty} x(t) = 0$.

证明 (i) 用类似引理 3.1 的方法可证明, 系统 (3.13) 的解 $x(t)$ 最终有界且在 $t > 0$ 时恒正. 考虑系统 (3.13) 的唯一的正平衡点 $x^* = \dfrac{b - a_1}{a_2}$, 我们分两种情形来研究.

(1) $x(t)$ 对 x^* 最终单调.

此时, 必然存在一个常数 T 且 $T \geqslant \tau > 0$, 满足对一切 $t \geqslant T$ 均有 $x(t) > x^*$, 且 $\dot{x}(t) \leqslant 0$ 或者 $x(t) < x^*$ 且 $\dot{x}(t) \geqslant 0$. 我们只考虑前者, 后者可以类似考虑. 由于 $\dot{x}(t) \leqslant 0$ 和 $x(t) > x^*(t \geqslant T)$, 可知 $\lim\limits_{t \to +\infty} x(t)$ 存在. 记 $L = \lim\limits_{t \to +\infty} x(t)$, 下面我们证明 $L = x^*$; 若不然, 则必有 $L > x^*$, 由系统 3.13 得

$$\lim_{t \to +\infty} \dot{x}(t) = bL - a_1 L - a_2 L^2 = La_2\left(\frac{b - a_1}{a_2} - L\right) < 0.$$

这就导致 $\lim\limits_{t \to +\infty} x(t) = -\infty$, 矛盾, 从而有 $L = x^*$.

(2) $x(t)$ 对 x^* 是非单调的.

记 $\delta = \overline{\lim\limits_{t \to +\infty}} |x(t) - x^*|$, 由 $x(t)$ 最终有界, 故 δ 必有界. 下面我们证明 $\delta = 0$.

如若不然, 则 $\delta > 0$, 从而必存在数列 $\{x(t_i)\}_{i=1}^{\infty}$, 其中 $t_i > \tau$, $\lim\limits_{i \to +\infty} t_i = +\infty$ 且还满足 $\lim\limits_{i \to +\infty} x(t_i) = x^* + \delta$ 及 $x(t_i)$ 为 $x(t)$ 的极大值或者 $\lim\limits_{i \to +\infty} x(t_i) = x^* - \delta$ 及 $x(t_i)$ 为 $x(t)$ 的极小值. 不失一般性, 我们只考虑前面一种情形.

由于

$$b(x^* + \delta) - a_1(x^* + \delta) - a_2(x^* + \delta)^2 < 0,$$

存在充分小的常数 $\varepsilon > 0$, 使得

$$b(x^* + \delta + \varepsilon) - a_1(x^* + \delta - \varepsilon) - a_2(x^* + \delta - \varepsilon)^2 + 3b\varepsilon < 0.$$

从而对此 ε, 我们有 $b(x^* + \delta + \varepsilon) - a_1(x^* + \delta - \varepsilon) - a_2(x^* + \delta - \varepsilon)^2 < -3b\varepsilon < 0$. 由 $\{x(t_i)\}$ 的定义, 对 $\varepsilon > 0$, 必存在 $N > 0$, 使得 $x^* + \delta - \varepsilon < x(t_i) < x^* + \delta + \varepsilon$ 对一切 $i > N$ 都成立.

我们证明对此 $\varepsilon > 0$, 存在一个 $t_i(i > N)$, 使得 $x(t_i - \tau) \leqslant x(t_i) + 2\varepsilon$. 若不然, 则对所有 $t_i(i > N)$, 均有 $x(t_i - \tau) > x(t_i) + 2\varepsilon > x^* + \delta - \varepsilon + 2\varepsilon = x^* + \delta + \varepsilon$. 由此得 $\overline{\lim\limits_{t \to +\infty}} |x(t) - x^*| \geqslant \delta + \varepsilon$, 矛盾! 于是, 可以找到一个 $\overline{t_i}$ 使得 $x(\overline{t_i} - \tau) \leqslant x(\overline{t_i}) + 2\varepsilon$.

注意 $\dot{x}(\overline{t_i}) = 0$, 得

$$
\begin{aligned}
0 = \dot{x}(\overline{t_i}) &= bx(\overline{t_i} - \tau) - a_1 x(\overline{t_i}) - a_2 x^2(\overline{t_i}) \\
&\leqslant b(x(\overline{t_i}) + 2\varepsilon) - a_1 x(\overline{t_i}) - a_2 x^2(\overline{t_i}) \\
&< 2b\varepsilon + b(x^* + \delta + \varepsilon) - a_1(x^* + \delta - \varepsilon) - a_2(x^* + \delta - \varepsilon)^2 < -b\varepsilon \\
&< 0,
\end{aligned}
$$

矛盾! 因而必有 $\delta = 0$, 即 $\lim\limits_{t \to +\infty} x(t) = x^*$.

(ii) 由引理 3.1, 存在 $M > 0$, 使得 $0 < x(t) \leqslant M$ 对一切 $t \geqslant T$ 都成立. 考虑两种情形.

(1) 若 $x(t)$ 为单调的, 从而 $\lim\limits_{t \to +\infty} x(t)$ 存在, 记此极限为 L_1, 则有 $L_1 \geqslant 0$, 我们只需证明 $L_1 = 0$ 即可. 如若不然 $L_1 > 0$, 则 $\lim\limits_{t \to +\infty} \dot{x}(t) = bL_1 - a_1 L_1 - a_2 L_1^2 < 0$, 这导致 $\lim\limits_{t \to +\infty} x(t) = -\infty$, 显然矛盾.

(2) 若 $x(t)$ 非单调. 我们证明 $\delta = \overline{\lim\limits_{t \to +\infty}} x(t) = 0$. 若不然 $\delta > 0$, 则必存在 $x(t)$ 的极大值数列 $\{x(t_i)\}_{i=1}^{\infty}$, 这里 $t_i \to +\infty$ (当 $i \to +\infty$ 时), 且有 $\lim\limits_{i \to +\infty} x(t_i) = \delta$. 由于 $b\delta - a_1\delta - a_2\delta^2 < 0$, 利用引理 3.1 中关于 (1) 的类似证明可得存在一个充分小的常数 $\varepsilon > 0$, 使得 $b(\delta + \varepsilon) - a_1(\delta - \varepsilon) - a_2(\delta - \varepsilon)^2 < -3b\varepsilon < 0$, 对此 $\varepsilon > 0$, 必存在一正整数 N, 使得 $\delta - \varepsilon < x(t_i) < \delta + \varepsilon$ 对一切 $i > N$ 均成立.

类似本引理中关于 (i) 的证明, 我们可找到一个 $t_i(i > N)$ 使得 $x(t_i - \tau) \leqslant x(t_i) + 2\varepsilon$, 记此 t_i 为 $\overline{t_i}$, 于是有

$$
\begin{aligned}
0 = \dot{x}(\overline{t_i}) &= bx(\overline{t_i} - \tau) - a_1 x(\overline{t_i}) - a_2 x^2(\overline{t_i}) \\
&\leqslant b(x(\overline{t_i}) + 2\varepsilon) - a_1 x(\overline{t_i}) - a_2 x^2(\overline{t_i}) \\
&< 2b\varepsilon + b(\delta + \varepsilon) - a_1(\delta - \varepsilon) - a_2(\delta - \varepsilon)^2 \\
&< -b\varepsilon < 0.
\end{aligned}
$$

推出矛盾, 故证得 $\delta = 0$. 由以上两种情形得 $\lim\limits_{t \to +\infty} x(t) = 0$. 引理 3.2 得证.

引理 3.3 考虑如下两个方程:

$$\dot{x}(t) = bx(t - \tau) - a_1 x(t) - a_2 x^2(t), \quad x(t) = \phi(t) > 0(-\tau \leqslant t \leqslant 0), \quad (3.14)$$

$$\dot{u}(t) = bu(t - \tau) - cu(t) - a_2 u^2(t), \quad u(t) = \phi(t) > 0(-\tau \leqslant t \leqslant 0), \quad (3.15)$$

其中, $b, \tau > 0$, $a_1, a_2, c \geqslant 0$, 从而若 $a_1 > c$, 则有 $x(t) < u(t)$, $t > 0$; 若 $a_1 < c$, 则有 $x(t) > u(t)$.

证明 注意 $x(t), u(t) > 0$, $t > 0$. 若 $a_1 > c$, 记 $V(t) = u(t) - x(t)(t \geqslant -\tau)$, 则由方程 (3.14), (3.15) 可得如下关于 $V(t)$ 的方程:

$$\dot{V}(t) = bV(t - \tau) - cV(t) - a_2 V(t)(x(t) + u(t)) + (a_1 - c)x(t), \quad V(t) = 0(-\tau \leqslant t \leqslant 0).$$

运用类似引理 3.1 的证明, 可得 $V(t) > 0$ 对所有 $t > 0$ 均成立, 即 $u(t) > x(t)$, $t > 0$. 类似地, 可以证明若 $a_1 < c$ 时, 则有 $u(t) < x(t), t > 0$. 引理 3.3 得证.

引理 3.1~引理 3.3 直接导出关于方程 (3.14)、(3.15) 的如下推论:

推论 3.1   给定方程 (3.14)、(3.15), 若 $a_1 > c$ 且 $b > a_1$, 则对任何给定正常数 $\varepsilon < \dfrac{b - a_1}{2a_2}$, 均存在正常数 T, 使得 $u(t) > \dfrac{b - a_1}{a_2} - \varepsilon$ 对所有 $t \geqslant T$ 均成立.

若 $a_1 < c$ 且 $b > a_1$, 则对任何给定正常数 $\varepsilon < \dfrac{b - a_1}{2a_2}$, 均存在正常数 T, 使得 $u(t) < \dfrac{b - a_1}{a_2} - \varepsilon$ 对所有 $t \geqslant T$ 均成立. 若 $a_1 < c$ 且 $b < a_1$, 则有 $\lim\limits_{t \to +\infty} u(t) = 0$.

引理 3.4   记

$$\alpha = \frac{a_{12}a_{21}}{a_{11}a_{22}}, \qquad\qquad v_1 = \frac{b_2 \mathrm{e}^{-\zeta_2}}{a_{22}} + \varepsilon,$$

$$v_n^* = \frac{b_1 \mathrm{e}^{-\zeta_1} - a_{12}v_n}{a_{11}} - \varepsilon, \quad v_{n+1} = \frac{b_2 \mathrm{e}^{-\zeta_2} - a_{21}v_n^*}{a_{22}} + \varepsilon, \quad n = 1, 2, \quad (3.16)$$

则有

$$v_n^* = v_1^* \sum_{k=0}^{n-1} \alpha^k, \quad v_{n+1} = \frac{b_2 \mathrm{e}^{-\zeta_2}}{a_{22}} - \frac{a_{21}v_1^*}{a_{22}} \sum_{k=0}^{n-1} \alpha^k + \varepsilon, \quad n = 1, 2, \cdots. \quad (3.17)$$

证明   显然 (3.17) 式对 $n = 1$ 成立. 对 $n \geqslant 2$, 由 (3.16) 式可得

$$v_n^* - v_{n-1}^* = -\frac{a_{12}}{a_{11}}(v_n - v_{n-1}) = \alpha \cdot (v_{n-1}^* - v_{n-2}^*) = \cdots = \alpha^{n-2}(v_2^* - v_1^*),$$

即

$$v_{n-1}^* - v_{n-2}^* = \alpha^{n-3}(v_2^* - v_1^*),$$
$$\cdots\cdots$$
$$v_3^* - v_2^* = \alpha(v_2^* - v_1^*),$$
$$v_2^* - v_1^* = \alpha^0(v_2^* - v_1^*).$$

上式两端分别相加, 得 $v_n^* - v_1^* = (v_2^* - v_1^*) \sum\limits_{k=0}^{n-2} \alpha^k$. 注意 $v_2^* - v_1^* = \alpha^0 \cdot v_1^*$, 从而

$$v_n^* = v_1^* + \alpha \cdot v_1^* \sum_{k=0}^{n-2} \alpha^k = v_1^* \sum_{k=0}^{n-1} \alpha^k.$$

因而, 由 (3.16) 式易得

$$v_{n+1} = \frac{b_2 \mathrm{e}^{-\zeta_2}}{a_{22}} - \frac{a_{21}v_1^*}{a_{22}} \sum_{k=0}^{n-1} \alpha^k + \varepsilon.$$

引理 3.4 得证.

下面我们分别来证明定理 3.4~定理 3.6.

定理 3.4 的证明 由条件 (3.8) 和引理 3.4, 可得 $0 < \alpha < 1$. 由

$$v_1^* = \frac{b_1 \mathrm{e}^{-\zeta_1} - a_{12} v_1}{a_{11}} - \varepsilon = \frac{a_{22} b_1 \mathrm{e}^{-\zeta_1} - a_{12} b_2 \mathrm{e}^{-\zeta_2}}{a_{11} a_{22}} - \left(\frac{a_{12}}{a_{11}} + 1 \right) \cdot \varepsilon$$

及 $a_{22} b_1 \mathrm{e}^{-\zeta_1} - a_{12} b_2 \mathrm{e}^{-\zeta_2} > 0$, 得对任何正的常数 ε, 如果满足

$$\varepsilon < \min \left\{ \frac{a_{22} b_1 \mathrm{e}^{-\zeta_1} - a_{12} b_2 \mathrm{e}^{-\zeta_2}}{2 a_{11} a_{22} + 2 a_{12} a_{22}}, \frac{-a_{21} b_1 \mathrm{e}^{-\zeta_1} + a_{11} b_2 \mathrm{e}^{-\zeta_2}}{2 a_{21} a_{11} + 2 a_{11} a_{22}} \right\},$$

则有 $v_1^* > 0$. 也即 $v_n^* = v_1^* \cdot \frac{1 - \alpha^n}{1 - \alpha} > 0$ 对所有 $n = 1, 2, \cdots$ 均成立.

注意

$$\begin{aligned}
v_n^* &= v_1^* \frac{1 - \alpha^n}{1 - \alpha} = \frac{b_1 \mathrm{e}^{-\zeta_1} a_{22} - b_2 a_{12} \mathrm{e}^{-\zeta_2}}{a_{11} a_{22} (1 - \alpha)} - \frac{a_{12} + a_{11}}{a_{11}(1 - \alpha)} \cdot \varepsilon - \frac{v_1^* \alpha^n}{1 - \alpha} \\
&= x_1^* - \frac{a_{12} + a_{11}}{a_{11}(1 - \alpha)} \varepsilon - \frac{v_1^* \alpha^n}{1 - \alpha} < x_1^*.
\end{aligned}$$

由 $\lim\limits_{n \to \infty} \alpha^n = 0$, 故对此 ε 必存在 $N_0 > 0$, 使得 $\frac{v_1^* \alpha^n}{1 - \alpha} < \frac{a_{12} + a_{11}}{a_{11}(1 - \alpha)} \varepsilon$ 对所有 $n \geqslant N_0$ 均成立. 从而有

$$x_1^* > v_n^* > x_1^* - \frac{2(a_{12} + a_{11})}{a_{11}(1 - \alpha)} \varepsilon > 0, \quad n \geqslant N_0.$$

类似地, 由引理 3.4 得

$$v_n = x_2^* + \varepsilon + \frac{a_{21}}{a_{22}} \cdot \left[\frac{a_{12} + a_{11}}{a_{11}(1 - \alpha)} \varepsilon + \frac{v_1^* \alpha^{n-1}}{1 - \alpha} \right], \tag{3.18}$$

从而 $v_n > 0$ 对所有 $n = 1, 2, \cdots$ 均成立.

因此, 当 $\forall n \geqslant N_0$ 时, $v_n < x_2^* + \varepsilon + 2 \frac{a_{21}(a_{12} + a_{11})}{a_{11} a_{22}(1 - \alpha)} \cdot \varepsilon$.

由系统 (3.7), $\dot{x}_2 \leqslant b_2 \mathrm{e}^{-\zeta_2} x_2(t - \tau_2) - a_{22} x_2^2(t)$, 应用推论 3.1, 对给定的 $\varepsilon > 0$, 存在 $S_1 > 0$, 使得 $x_2(t) < \frac{b_2 \mathrm{e}^{-\zeta_2}}{a_{22}} + \varepsilon = v_1$ 对一切 $t \geqslant S_1$ 均成立, 所以有

$$\dot{x}_1 \geqslant b_1 \mathrm{e}^{-\zeta_1} x_1(t - \tau_1) - a_{12} v_1 x_1(t) - a_{11} x_1^2(t), \quad t \geqslant S_1.$$

同样应用推论 3.1, 对给定的 $\varepsilon > 0$, 存在 $S_1' \geqslant S_1$, 使得 $x_1(t) > \frac{b_1 \mathrm{e}^{-\zeta_1} - a_{12} v_1}{a_{11}} - \varepsilon = v_1^* > 0$ 对所有 $t \geqslant S_1'$ 都成立.

············

重复以上证明步骤, 我们可以得到一系列的 $S_1 \leqslant S_1' \leqslant S_2 \leqslant S_2' \leqslant S_3 \leqslant \cdots \leqslant S_n \leqslant S_n' \leqslant \cdots$ 使得 $x_2(t) < v_n$ 且 $x_1(t) > v_n^*$ 对 $t \geqslant S_n'$ 均成立. 因此, 当 $n \geqslant N_0$ 时, 存在 $S_n' > 0$, 使得

$$x_2(t) < v_n < x_2^* + \varepsilon + \frac{2a_{21}(a_{12} + a_{11})}{a_{11}a_{22}(1 - \alpha)} \cdot \varepsilon, \quad x_1(t) > v_n^* > x_1^* - \frac{2(a_{12} + a_{11})}{a_{11}(1 - \alpha)} \cdot \varepsilon$$

对一切 $t \geqslant S_n'$ 均成立. 注意, 这里的 ε 可以任意小, 所以有

$$\varlimsup_{t \to \infty} x_2(t) \leqslant x_2^*, \quad \varliminf_{t \to \infty} x_1(t) \geqslant x_1^*.$$

类似地, 我们可以得到

$$\varliminf_{t \to +\infty} x_2(t) \geqslant x_2^*, \quad d \varlimsup_{t \to +\infty} x_1(t) \leqslant x_1^*,$$

因而有

$$\lim_{t \to +\infty} x_1(t) = x_1^* \quad \lim_{t \to +\infty} x_2(t) = x_2^*.$$

定理 3.4 得证.

定理 3.5 的证明　我们分如下两个步骤来证明:

步骤 1　先证明必存在 $\varepsilon > 0$ 及 $n > 0$, 使得 $v_n < 0$, v_n 已在 (3.16) 式中定义. 取任意小的正常数 ε 且满足

$$\varepsilon < \min \left\{ \frac{b_1 a_{22} \mathrm{e}^{-\zeta_1} - b_2 a_{12} \mathrm{e}^{-\zeta_2}}{2(a_{11}a_{22} + a_{12}a_{22})}, \ \frac{b_1 a_{21} \mathrm{e}^{-\zeta_1} - b_2 a_{11} \mathrm{e}^{-\zeta_2}}{2(a_{11}a_{22} + a_{11}a_{21})} \right\}.$$

由条件 (3.11) 和 (3.16) 式中定义, 有

$$v_1^* > 0, \quad v_n^* = v_1^* \sum_{k=0}^{n-1} \alpha^k > 0.$$

下面我们证明必存在 $n > 0$, 使得 $v_n < 0$. 如若不然, 则有 $v_n > 0$ 对一切 $n = 1, 2, \cdots$ 都成立.

我们分两种情形考虑:

(1) $\alpha \geqslant 1$.

显然当 $n \to +\infty$ 时, $\sum_{k=0}^{n-1} \alpha^k \geqslant n \to +\infty$. 因此当 n 充分大时, 必存在 n 使得 $v_n < 0$, 矛盾.

(2) $\alpha < 1$.

由条件 (3.11) 可知, $b_2 a_{11} \mathrm{e}^{-\zeta_2} - b_1 a_{21} \mathrm{e}^{-\zeta_1} < 0$, $b_1 a_{22} \mathrm{e}^{-\zeta_1} - b_2 a_{12} \mathrm{e}^{-\zeta_2} > 0$, 从而存在 $N > 0$, 使得当 $n \geqslant N$ 时, $\dfrac{a_{21} b_1 \mathrm{e}^{-\zeta_1}}{a_{11}} \alpha^n < \dfrac{a_{12} a_{21} + a_{11} a_{21}}{a_{11} a_{22} - a_{12} a_{21}} \varepsilon$. 由引理 3.4, 当 $n > N$ 时, 有

$$
\begin{aligned}
v_{n+1} &= \frac{b_2 \mathrm{e}^{-\zeta_2}}{a_{22}} - \frac{a_{21} v_1^*(1 - \alpha^n)}{a_{22}(1 - \alpha)} + \varepsilon = \frac{b_2 \mathrm{e}^{-\zeta_2}}{a_{22}} - \frac{a_{21} v_1^*}{a_{22}(1 - \alpha)} + \frac{a_{21} v_1^* \alpha^n}{a_{22}(1 - \alpha)} + \varepsilon \\
&\leqslant \frac{b_2 \mathrm{e}^{-\zeta_2}}{a_{22}} - \frac{a_{21}(a_{22} b_1 \mathrm{e}^{-\zeta_1} - a_{12} b_2 \mathrm{e}^{-\zeta_2})}{a_{22}(a_{11} a_{22} - a_{12} a_{21})} \\
&\quad + \frac{a_{12} a_{21} + a_{11} a_{21}}{a_{11} a_{22} - a_{12} a_{21}} \varepsilon + \frac{a_{21} b_1 \mathrm{e}^{-\zeta_1}}{a_{11}} \alpha^n + \varepsilon \\
&< \frac{a_{11} b_2 \mathrm{e}^{-\zeta_2} - a_{21} b_1 \mathrm{e}^{-\zeta_2}}{a_{11} a_{22} - a_{12} a_{21}} + \frac{2(a_{21} a_{12} + a_{11} a_{21})}{a_{11} a_{22} - a_{12} a_{21}} \cdot \varepsilon + 2\varepsilon \\
&= \frac{a_{11} b_2 \mathrm{e}^{-\zeta_2} - a_{21} b_1 \mathrm{e}^{-\zeta_2}}{a_{11} a_{22} - a_{12} a_{21}} + \frac{2(a_{11} a_{22} + a_{11} a_{21})}{a_{11} a_{22} - a_{12} a_{21}} \cdot \varepsilon < 0.
\end{aligned}
$$

从而得

$$
v_N < \frac{b_2 a_{11} \mathrm{e}^{-\zeta_2} - b_1 a_{21} \mathrm{e}^{-\zeta_1}}{a_{11} a_{22} - a_{12} a_{21}} + \frac{a_{12} + a_{11}}{a_{12}(1 - \alpha)} \varepsilon < 0,
$$

矛盾. 故必存在 $n > 0$, 使得 $v_n < 0$.

步骤 2 证明 $\lim\limits_{t \to \infty} x_2(t) = 0$.

记 $N = \min\{n : v_n < 0\}$. 应用定理 3.4 中同样的证明方法, 我们可以找到 $S_1 \leqslant S_1' \leqslant S_2 \leqslant S_2' \leqslant \cdots \leqslant S_{N-1} \leqslant S_{N-1}'$ 使得 $x_1(t) > v_{N-1}^*$ 对所有 $t \geqslant S_{N-1}'$ 均成立, 从而

$$
\dot{x}_2(t) \leqslant b_2 \mathrm{e}^{-\zeta_2} x_2(t - \tau_2) - a_{21} v_{N-1}^* x_2(t) - a_{22} x_2^2(t), \quad t \geqslant S_{N-1}'.
$$

由于 $v_N = \dfrac{b_2 \mathrm{e}^{-\zeta_2} - a_{21} v_{N-1}^*}{a_{22}} + \varepsilon < 0$, 得 $b_2 \mathrm{e}^{-\zeta_2} - a_{21} v_{N-1}^* < 0$. 再由推论 3.1 得 $\lim\limits_{t \to \infty} x_2(t) = 0$. 步骤 2 证毕.

由 $\lim\limits_{t \to +\infty} x_2(t) = 0$, 对 $\forall \varepsilon_1 > 0$ 及 $\varepsilon_1 < \dfrac{b_1 \mathrm{e}^{-\zeta_1}}{a_{11} + a_{12}}$, 存在常数 $T > 0$, 使得 $x_2(t) < \varepsilon_1$ 对所有 $t \geqslant T$ 都成立. 将此式代入方程 (3.7), 有

$$
\dot{x}_1(t) \geqslant b_1 \mathrm{e}^{-\zeta_1} x_1(t - \tau_1) - \varepsilon_1 a_{12} x_1(t) - a_{11} x_1^2(t), \quad t \geqslant T.
$$

由推论 3.1, 对此 ε_1, 存在 $T' \geqslant T$, 使得 $x_1(t) \geqslant \dfrac{b_1 \mathrm{e}^{-\zeta_1} - \varepsilon_1 a_{12}}{a_{11}} - \varepsilon_1 > 0 (t \geqslant T')$. 注意

ε_1 可以任意小, 我们有 $\varliminf\limits_{t \to +\infty} x_1(t) \geqslant \dfrac{b_1 \mathrm{e}^{-\zeta_1}}{a_{11}}$. 而由推论 3.1 得 $\varlimsup\limits_{t \to +\infty} x_1(t) \leqslant \dfrac{b_1 \mathrm{e}^{-\zeta_1}}{a_{11}}$,

因而 $\lim\limits_{t \to +\infty} x_1(t) = \dfrac{b_1 \mathrm{e}^{-\zeta_1}}{a_{11}}$. 定理 3.5 得证.

　　用类似定理 3.5 的证明方法和步骤, 我们可以证明定理 3.6, 故这里省略其证明过程.

3.1.4　讨论

　　下面我们来讨论阶段结构对竞争系统 (3.6) 的影响. 为了更直观地研究阶段结构对竞争系统的全局行为的影响, 我们令系统 (3.6) 中的 τ_2 等于零, 即种群 2 没有阶段结构, 只有种群 1 有阶段结构. 这样, 系统 (3.6) 变成了如下的方程:

$$\begin{cases} \dot{x}_1(t) = b_1 \mathrm{e}^{-\zeta_1} x_1(t - \tau_1) - a_{11} x_1^2(t) - a_{12} x_1(t) x_2(t), \\ \dot{y}_1(t) = b_1 x_1(t) - d_1 y_1(t) - b_1 \mathrm{e}^{-\zeta_1} x_1(t - \tau_1), \\ \dot{x}_2(t) = b_2 x_2(t) - a_{21} x_1(t) x_2(t) - a_{22} x_2^2(t), \\ x_1(t) = \varphi_1(t), y_1(t) = \xi_1(t), \quad -\tau_1 \leqslant t \leqslant 0, \end{cases} \tag{3.19}$$

这里, 系统 (3.19) 初始条件满足 $\xi_1(0) > 0$, $x_2(0) > 0$ 及 $\varphi_1(t) > 0 (0 \geqslant t \geqslant -\tau_1)$,
$y_1(0) = \displaystyle\int_{-\tau_1}^{0} \xi_1(s) \mathrm{e}^{ds} \mathrm{d}s$.

　　系统 (3.19) 为系统 (3.6) 在 $\tau_2 = 0$ 时的特殊形式, 从而由定理 3.4~定理 3.6, 我们得到以下几个推论:

　　推论 3.2　*假定条件*

$$\frac{a_{12}}{a_{22}} < \frac{b_1 \mathrm{e}^{-\zeta_1}}{b_2} < \frac{a_{11}}{a_{21}} \tag{3.20}$$

成立, 则系统 (3.19) 有一个唯一全局渐近稳定的正平衡点.

　　推论 3.3　*假定系统 (3.19) 满足*

$$\frac{b_1 \mathrm{e}^{-\zeta_1}}{b_2} > \frac{a_{12}}{a_{22}}, \quad \frac{b_1 \mathrm{e}^{-\zeta_1}}{b_2} > \frac{a_{11}}{a_{21}}, \tag{3.21}$$

则系统 (3.6) 的平衡点 $\left(\dfrac{b_1 \mathrm{e}^{-\zeta_1}}{a_{11}}, \dfrac{b_1^2 (1 - \mathrm{e}^{-\zeta_1}) \mathrm{e}^{-\zeta_1}}{a_{11} d_1}, 0 \right)$ 是全局渐近稳定的.

　　推论 3.4　*假定条件*

$$\frac{b_1}{b_2 \mathrm{e}^{-\zeta_2}} < \frac{a_{12}}{a_{22}}, \quad \frac{b_1}{b_2 \mathrm{e}^{-\zeta_2}} < \frac{a_{11}}{a_{21}} \tag{3.22}$$

成立, 则系统 (3.19) 的平衡点 $\left(0, \dfrac{b_2 \mathrm{e}^{-\zeta_2}}{a_{22}}, \dfrac{b_2^2 (1 - \mathrm{e}^{-\zeta_2}) \mathrm{e}^{-\zeta_2}}{a_{22} d_2} \right)$ 是全局渐近稳定的.

下面我们来考虑种群的阶段结构对其持续生存的影响. 首先我们比较系统 (3.7) 中的条件 (3.22) 与系统 (3.2) 中的条件 (3.5). 由于 $b_1\mathrm{e}^{-\zeta_1} < b_1$, 从而对种群 2, 同样的出生率 b_2, 其满足条件 (3.22) 成立的可能性要比满足条件 (3.4) 成立的可能性大. 注意到要使得条件 (3.22) 满足所需要的最小的种群 2 的出生率 b_2 是条件 (3.5) 中的 $\mathrm{e}^{-\zeta_1}$ 倍, 即对种群 2 而言, 同样的出生率 b_2, 满足条件 (3.22) 的可能性是满足条件 (3.5) 的可能性的 e^{ζ_1} 倍; 从生态意义上说, 保持种群 2 出生率 b_2 不变, 在与其竞争的种群 1 引入了阶段结构 (其阶段结构度为 ζ_1) 后, 则种群 2 使得与其竞争的种群 1 灭绝的可能性大了 e^{ζ_1} 倍.

我们再来比较系统 (3.7) 中的条件 (3.21) 与系统 (3.2) 中的条件 (3.4). 由于 $b_1\mathrm{e}^{-\zeta_1} < b_1$, 从而对种群 2, 同样的出生率 b_2, 其满足条件 (3.21) 成立的可能性要比满足条件 (3.4) 成立的可能性小. 按照类似的方法可知, 在与其竞争的种群 1 引入了阶段结构后, 则种群 2 被与其竞争种群 1 灭绝的可能性为原来的 $\dfrac{1}{\mathrm{e}^{\zeta_1}}$.

基于推论 3.2~推论 3.4 及以上讨论, 我们得到如下结论:

结论 1 在具有阶段结构的竞争系统中, 在某个种群引入阶段结构将对其持续生存带来负面的影响, 而有利于与其竞争的种群的持续生存. 或者说, 使得与其竞争的种群更难于被灭绝. 这种影响的程度与引入阶段结构的其阶段结构度有关: 如果阶段结构度为 ζ, 则这种影响的程度为 e^{ζ}.

对系统 (3.7), 其中的两个种群均有阶段结构, 那么在此系统中阶段结构是如何影响其渐近行为的呢?

假定条件 (3.11) 满足, 则根据定理 3.5, 种群 2 将走向绝灭而种群 1 将趋近于某个正的常数. 我们固定 $a_{11}, a_{12}, a_{21}, a_{22}, b_1, b_2, \zeta_2$, 同时逐渐增大 ζ_1, 则 $\dfrac{b_1\mathrm{e}^{-\zeta_1}}{b_2\mathrm{e}^{-\zeta_2}}$ 的值将随着 ζ_1 的增加而相应的减少, 当 ζ_1 增加到足够大的时候, 其值将小于 $\min\left\{\dfrac{a_{11}}{a_{22}}, \dfrac{a_{11}}{a_{21}}\right\}$. 而由定理 3.6, 可得此时种群 1 将走向绝灭而种群 2 将趋近于某个正的常数. 这就是说, 仅仅只是某一种群的阶段结构度足够大就足以导致该种群灭绝. 反过来, 仅仅只是某一种群的竞争种群阶段结构度足够大就可以挽救其本来灭绝的命运. 据此, 我们得到如下的结论:

结论 2 在具有阶段结构的两种群竞争系统中, 种群阶段结构度相对过大可以成为该种群灭绝的唯一原因; 适当地增大某一种群的阶段结构度是促使该种群走向灭绝的可行的策略.

从上面的讨论中我们知道, 对某些本来在竞争中处于劣势, 即将被灭绝的濒危物种, 在与其竞争的种群中引入阶段结构并适当的增加阶段结构度, 可以挽救其本来灭绝的命运. 但是如果这个策略在实际操作上很难实现, 那么通过减小这些濒危物种阶段结构度的方式能否挽救绝灭的命运呢?

我们分两种情形考虑:

(1) 如果种群 2 同时满足使得推论 3.3 成立的条件 (3.21) 和使得定理 3.5 成立的条件 (3.11). 显然, 即使在系统 3.19 中把种群 2 的阶段结构度变成 0 也不能改变种群 2 灭绝的命运.

(2) 如果种群 2 同时满足使得推论 3.2 成立的条件 (3.20) 和使得定理 3.5 成立的条件 (3.11). 那么, 当种群 2 的阶段结构度 ζ_2 足够小的时候, 可以使得推论 3.1 成立.

所以, 我们得到以下结论:

结论 3　　某些时候, 仅仅靠减少种群的阶段结构度并不能挽救该种群的灭绝命运.

在本节中, 我们把单种群的阶段结构的模型 (1.2) 与两种群自治的 Lotka-Volterra 竞争模型 (3.2) 结合起来, 建立并分析了具有阶段结构的竞争时滞系统 (3.6), 获得此系统各平衡点全局渐近稳定的充分条件. 结论不但推广了系统 (1.2) 中的定理 1.1 和系统 (3.2) 中的定理 3.1~定理 3.3, 而且还论证了阶段结构对种群渐近性外的影响并且对次影响进行了估计. 我们发现种群的阶段结构对该种群的持续生存有负面影响, 正如上文所论述的, 仅仅是把某种群的阶段结构度进行适当的增加就可以直接导致该种群的灭绝; 同时对此竞争系统中某一本将灭绝的种群, 只需对与其竞争的种群的阶段结构度进行适当的增加就可以直接挽救该种群的灭绝. 毫无疑问, 这个结论在生态学理论和生物多样性保护方面是很有意义的. 具体意义如下:

第一, 在解释一些物种的灭绝现象时, 可以而且应当把阶段结构度列入其灭绝的可能原因之一. 由阶段结构度的定义 3.1, 我们注意到种群的阶段结构度等于其幼体的死亡率和幼体的成熟期的乘积, 所以某些物种的的灭绝实际上可能是由于两个方面的原因造成的: ① 幼体的死亡率过高; ② 幼体的成熟期很长, 即幼体从出生到具备产仔的能力 (即转化为成体) 的这个过程过于缓慢.

第二, 在生物多样性保护方面尤其是某些濒危生物的保护方面, 我们可以根据实际情况运用本节中所提出的阶段结构度策略, 适当地增大与其竞争的种群的阶段结构度. 这可以通过两种方法综合实现, 即捕杀其竞争种群的幼体造成竞争种群的幼体高的死亡率 b_i, 延缓竞争种群的幼体的成熟造成其成熟期 τ_i 大.

第三, 我们特别注意到, 上面的结论表明如果某一种群的阶段结构度为 ζ, 则其阶段结构对其持续生存的负面影响程度将为 e^ζ. 也就是说, 阶段结构将以**指数级数**形式对种群渐近行为进行影响. 而由定理 3.4~定理 3.4, 我们注意到竞争系统 (3.6) 中种群别的生态因素, 如密度制约率 a_{ii}、竞争率 a_{ij}、成年种群的产仔率 b_i(这里, $i, j = 1, 2$, 且 $i \neq j$) 却均是以**几何级数**对种群渐近行为进行影响的.

据此, 我们认为: **阶段结构不但是此竞争系统中影响种群渐近行为的重要因素**,

而且是最重要的因素; 通过运用第二个观点中所提出的阶段结构度策略来进行生物多样性保护是有效的而且是最有效的方法.

第四, 除了运用上面第二条中所提出的直接的阶段结构度策略来保护生物多样性尤其是濒危生物外, 我们也可以运用适当减少濒危生物自身的阶段结构度策略. 根据阶段结构度的定义 3.1, 可以通过两种方法综合实现: 保护其幼体促使其幼体保持低死亡率 b_i, 加快其幼体的成熟造成其成熟期 τ_i 小. 但是, 正如我们上面的结论 3 所指出的, 这种策略只在某些时候奏效.

3.2 具有阶段结构的多种群竞争模型的渐近性

在本文中, 我们将考虑具有阶段结构的多种群竞争系统, 这个系统来源于两个系统: 由 Aiello 和 Freedman (1990) 提出的单种群的阶段结构的系统 (1.2) 和以下多种群自治的 Lotka-Volterra 竞争系统

$$\dot{x}_i(t) = x_i(t)\left(b_i - \sum_{j=1}^{n} a_{ij}x_j(t)\right), \quad i = 1, 2, \cdots, n, \tag{3.23}$$

其中, $b_i, a_{ij} > 0$ 对所有的 $i, j = 1, 2, \cdots, n$ 都成立. 显然系统 (3.23) 是多种群非自治的 Lotka-Volterra 竞争系统 (3.1) 的特殊形式. 关于系统 (3.23) 的研究可见参考文献 (Ahmad S, Lazer A C, 1994; 陈兰荪, 1988; Hofbauer J, Sigmund K, 1988; May R M, 1975; Murray J D, 1989; Tineo A, 1995, 1996; Waltman E C, 1983; Zeeman M L, 1993, 1995), 这些文献中获得了关于系统 (3.23) 灭绝、共存等方面的重要的结果. 但是从实际的生态角度来看, 这些参考文献均有如下苛刻的假定:

(1) 在每个种群的整个生命阶段中, 其不同阶段的各个个体都具有相同的密度制约率;

(2) 不同阶段的各个个体都具有相同的产仔率和相同的竞争能力.

显然, 这些假定均把自然界的复杂情况大大地理想化了. 事实上, 许多种群的幼体是依赖其亲体或者依靠卵中的营养而得以逐渐成熟; 相对其成熟的个体而言, 种群的幼体生命力一般非常脆弱, 因而往往不具有产仔的能力. 种群在这些不同生命阶段所表现出的这些生理差异说明研究具有阶段结构的竞争系统, 建立并分析体现同一个体在不同生命阶段中的差异的竞争种群动力模型是具有实际意义的.

关于阶段结构模型的研究, 我们在本章的 3.1 节中已经做了详细的回顾, 这里我们不再赘述. 在本章中, 我们将在 3.1.1 节所考虑的模型 (3.6) 的基础上, 建立并且分析多种群的具有阶段结构的自治 Lotka-Volterra 竞争系统. 我们主要目的在于得到这个多种群具有阶段结构的 Lotka-Volterra 竞争系统解的全局渐近稳定性的充分条件并研究阶段结构对种群渐近行为的影响.

将系统 (3.23) 与 Aiello 和 Freedman (1990) 提出的模型 (1.2) 结合, 得到如下 n 种群阶段结构的 Lotka-Volterra 竞争系统:

$$\begin{cases} \dot{x}_i(t) = b_i \mathrm{e}^{-d_i \tau_i} x_i(t - \tau_i) - x_i(t) \sum_{j=1}^{n} a_{ij} x_j(t), \\ \dot{y}_i(t) = b_i x_i(t) - d_i y_i(t) - b_i \mathrm{e}^{-d_i \tau_i} x_i(t - \tau_i), \\ x_i(t) = \varphi_i(t); y_i(t) = \xi_i(t), \quad -\tau_i \leqslant t \leqslant 0,\ i = 1, 2, \cdots, n, \end{cases} \tag{3.24}$$

这里, $x_i(t)$ 和 $y_i(t)$ 分别表示种群 i 在 t 时刻成年种群 (简称成体, 以下同) 和幼年种群 (简称幼体, 以下同) 的密度, $i = 1, 2, \cdots, n$; d_i 表示种群 i 幼体的死亡率; τ_i 为种群 i 幼体的成熟期长度, b_i 表示种群 i 幼体的出生率; 这里, 均假定常数 $b_i, a_{ij}, d_i > 0, \tau_i \geqslant 0$. 为了方便, 我们继续沿用 3.1.1 节中阶段结构度的定义 (定义 3.1), 即记 $\zeta_i = d_i \tau_i$, $i = 1, 2, \cdots, n$ 为种群 i 的阶段结构度.

为了保持解对初始条件的连续性, 我们假定系统 (3.24) 满足

$$y_i(0) = \int_{-\tau_i}^{0} \varphi_i(s) \mathrm{e}^{d_i s} \mathrm{d}s, \quad i = 1, 2, \cdots, n,$$

以及

$$\varphi_i(t) > 0, \quad y_i(0) > 0, \quad i = 1, 2, \cdots, n, -\tau_i \leqslant t \leqslant 0.$$

下面我们考虑系统 (3.24) 的平衡点, 令

$$\begin{cases} b_i \mathrm{e}^{-\zeta_i} x_i - x_i \sum_{j=1}^{n} a_{ij} x_j = 0, \\ b_i x_i - d_i y_i - b_i \mathrm{e}^{-\zeta_i} x_i = 0, \quad i = 1, 2, \cdots, n. \end{cases}$$

从而 $R_1 = (x_1^0, y_1^0, 0, \cdots, 0)$ 是系统 (3.24) 的一个平衡点, 这里

$$x_1^0 = \frac{b_1 \mathrm{e}^{-\zeta_1}}{a_{11}}, \quad y_1^0 = \frac{b_1^2 (1 - \mathrm{e}^{-\zeta_1}) \mathrm{e}^{-\zeta_1}}{d_1 a_{11}}.$$

我们要用以下两个条件:

$$b_1 \mathrm{e}^{-\zeta_1} > \sum_{j=2}^{n} a_{1j} \cdot \frac{b_j \mathrm{e}^{-\zeta_j}}{a_{jj}}, \quad \frac{b_1 \mathrm{e}^{-\zeta_1}}{a_{11}} > \frac{b_j \mathrm{e}^{-\zeta_j}}{a_{j1}}, \quad j = 2, 3, \cdots, n, \tag{3.25}$$

以及

$$b_k \mathrm{e}^{-\zeta_k} > \sum_{j \in j(k)} a_{kj} \cdot \frac{b_j \mathrm{e}^{-\zeta_j}}{a_{jj}}, \quad k = 1, 2, \cdots, n, \quad j(k) = \{1, \cdots, k-1, k+1, \cdots, n\}, \tag{3.26}$$

3.2.1 主要结果

下面我们列出本节关于系统 (3.24) 的主要结论.

定理 3.7 假定系统 (3.24) 满足条件 (3.25), 则平衡点 R_1 是全局渐近稳定的.

定理 3.8 假定条件 (3.26) 被满足, 则系统 (3.24) 有唯一全局渐近稳定的正平衡点 $R^* = (x_1^*, y_1^*, \cdots, x_n^*, y_n^*)$.

注释 3.4 由以上两个定理易知, 系统 (3.24) 将我们在第 3.1.1 节中的系统 (3.6) 推广到了 n 种群的情形; 而定理 3.7 推广了定理 3.5、定理 3.6; 定理 3.8 推广了定理 3.4 和 Tineo (1995) 的文献中的定理 0.2.

3.2.2 主要证明的预备结果

为了证明本节的主要定理 3.7、定理 3.8, 先考虑平衡点的局部渐近稳定性. 我们求得系统 (3.24) 在平衡点 R_1 处的特征方程为

$$I(\lambda)|_{R_1} = \prod_{i=1}^{n}(\lambda + d_i) \cdot \prod_{i \neq 1}^{n}(\lambda - b_i e^{-\zeta_i - \lambda\tau_i} + a_{i1}x_1^0) \cdot (\lambda - b_1 e^{-\zeta_1 - \lambda\tau_1} + 2a_{11}x_1^0).$$

注意 $2a_{11}x_1^0 > b_1 e^{-\zeta_1}$, $a_{i1}x_1^0 > b_i e^{-\zeta_i}$, $i = 1, 2, \cdots, n$. 由 Kuang (1993) 的文献中第 70 页的定理 2.1 且条件 (3.25), 可知方程

$$\lambda - b_1 e^{-\zeta_1 - \lambda\tau_1} + 2a_{11}x_1^0 = 0, \quad \lambda - b_i e^{-\zeta_i - \lambda\tau_i} + a_{i1}x_1^0 = 0, \quad i = 2, 3, \cdots, n$$

的根的实部必为负, 故有

命题 3.5 假定条件 (3.25) 成立, 则平衡点 R_1 是局部渐近稳定的.

现在我们考虑系统 (3.24) 正平衡点 R^* 的局部渐近稳定性, 有

命题 3.6 假定条件 (3.26) 成立, 则正平衡点 R^* 是局部渐近稳定的.

证明 记 $J(\lambda)$ 表示系统 (3.24) 在正平衡点 R^* 处的特征矩阵, 则有

$$J(\lambda) = \begin{pmatrix} j_1(\lambda) + a_{11}x_1^* & 0 & \cdots & a_{1n}x_1^* & 0 \\ b_1(1 - e^{-\zeta_1 - \lambda\tau_1}) & \lambda + d_1 & \cdots & 0 & 0 \\ \vdots & \vdots & & \vdots & \vdots \\ a_{n1}x_n^* & 0 & \cdots & j_n(\lambda) + a_{nn}x_n^* & 0 \\ 0 & 0 & \cdots & b_n(1 - e^{-\zeta_n - \lambda\tau_n}) & \lambda + d_n \end{pmatrix},$$

这里, $j_i(\lambda) = \lambda - b_i e^{-\zeta_i - \lambda\tau_i} + \sum_{j=1}^{n} a_{ij}x_j^*$.

注意 $b_i e^{-\zeta_i} = \sum_{j=1}^{n} a_{ij}x_j^*$, 并且记 $j_i(\lambda) = \lambda + b_i e^{-\zeta_i}(1 - e^{-\lambda\tau_i})$, $i = 1, 2, \cdots, n$, 则

有 $|J(\lambda)| = \prod\limits_{i=1}^{n}(\lambda + d_i) \cdot |K(\lambda)|$, 其中

$$K(\lambda) = \begin{pmatrix} j(\lambda) + a_{11}x_1^* & a_{12}x_1^* & \cdots & a_{1n}x_1^* \\ a_{21}x_2^* & j_2(\lambda) + a_{22}x_2^* & \cdots & a_{2n}x_2^* \\ \vdots & \vdots & & \vdots \\ a_{n1}x_n^* & a_{n2}x_n^* & \cdots & j_n(\lambda) + a_{nn}x_n^* \end{pmatrix}.$$

因此, 由 $|J(\lambda)| = 0$ 可以推导 $\prod\limits_{i=1}^{n}(\lambda + d_i) \cdot |K(\lambda)| = 0$. 显然方程 $\prod\limits_{i=1}^{n}(\lambda + d_i) = 0$ 的所有根均为负的, 故要证明推论, 只需证明方程 $|K(\lambda)| = 0$ 的所有根都具有负的实部.

下面, 我们对 $K(\lambda)$ 的第 i 行的所有元素分别乘以 $\dfrac{1}{a_{ii}x_i^*}$, 而对其第 i 列的所有元素分别乘以 $b_ie^{-\zeta_i}$, 这样我们就将 $K(\lambda)$ 变成了如下的 $L(\lambda)$:

$$L(\lambda) = \begin{pmatrix} l_1(\lambda) + b_1e^{-\zeta_1} & b_2e^{-\zeta_2} \cdot \dfrac{a_{12}}{a_{11}} & \cdots & b_ne^{-\zeta_n} \cdot \dfrac{a_{1n}}{a_{11}} \\ b_1e^{-\zeta_1} \cdot \dfrac{a_{21}}{a_{22}} & l_2(\lambda) + b_2e^{-\zeta_2} & \cdots & b_ne^{-\zeta_n} \cdot \dfrac{a_{2n}}{a_{22}} \\ \vdots & \vdots & & \vdots \\ b_1e^{-\zeta_1} \cdot \dfrac{a_{n1}}{a_{nn}} & b_2e^{-\zeta_2} \cdot \dfrac{a_{n2}}{a_{nn}} & \cdots & l_n(\lambda) + b_ne^{-\zeta_n} \end{pmatrix},$$

这里, $l_i(\lambda) = \dfrac{b_ie^{-\zeta_i}}{a_{ii}x_i^*}[\lambda + b_ie^{-\zeta_i}(1 - e^{-\lambda\tau_i})], i = 1, \cdots, n.$

由 $L(\lambda)$ 的定义可知 $|L(\lambda)| = |K(\lambda)| \cdot \prod\limits_{i=1}^{n} \dfrac{b_ie^{-\zeta_i}}{a_{ii}x_i^*}$, 因而有

$$|K(\lambda)| = 0 \iff |L(\lambda)| = 0.$$

记 $\lambda = u + iv$, 其中 u, v 均为实数. 下面我们证明方程 $|L(\lambda)| = 0$ 所有根的实部都是负的, 即 $u < 0$. 如若不然, 则存在方程 $|L(\lambda)| = 0$ 的一个根 λ, 使得 $\mathrm{Re}\lambda = u \geqslant 0$, 于是有

$$\mathrm{Re}[l_i(\lambda)] = \dfrac{b_ie^{-\zeta_i}}{a_{ii}x_i^*}[u + b_ie^{-\zeta_i}(1 - e^{-u\tau_i}\cos(v\tau_i))] \geqslant 0, \quad i = 1, \cdots, n.$$

这就导出 $\mathrm{Re}[l_i(\lambda) + b_ie^{-\zeta_i}] \geqslant b_ie^{-\zeta_i}$. 由条件 (3.26) 得

$$|l_i(\lambda) + b_ie^{-\zeta_i}| \geqslant b_ie^{-\zeta_i} > \sum_{j \neq i} b_je^{-\zeta_j} \cdot \dfrac{a_{ij}}{a_{jj}}, \quad i = 1, 2, \cdots, n.$$

这说明 $L(\lambda)$ 是一个对角占优矩阵. 从而由文献 (Taussky O, 1949)(定理 I, 第 672 页) 可知 $|L(\lambda)| \neq 0$, 显然与 $|L(\lambda)| = 0$ 相矛盾. 从而必有 $u < 0$. 命题 3.6 证毕.

类似本章引理 3.1 的证明我们可得

引理 3.5 系统 (3.24) 中的每一个解都是严格正的且最终有界.

由 3.1.1 节中引理 3.3 和推论 3.1 可得

引理 3.6 考虑下面两个方程:

$$\dot{x}(t) = bx(t-\tau) - a_1 x(t) - a_2 x^2(t), \quad x(t) = \phi(t) > 0 (-\tau \leqslant t \leqslant 0),$$

$$\dot{u}(t) = bu(t-\tau) - cu(t) - a_2 u^2(t), \quad u(t) = \phi(t) > 0 (-\tau \leqslant t \leqslant 0),$$

其中, $b, \tau > 0, a_1, a_2, c \geqslant 0$ 为常数. 从而有如下结论:

(i) 若 $a_1 > c$ 及 $b > a_1$, 则对充分小的 $\varepsilon > 0$, 存在正常数 T, 使得对所有 $t \geqslant T$, 均有 $u(t) > \dfrac{b-a_1}{a_2} - \varepsilon$;

(ii) 若 $a_1 < c$ 及 $b > a_1$, 则对充分小的 $\varepsilon > 0$, 存在正常数 T, 使得对所有 $t \geqslant T$, 均有 $u(t) < \dfrac{b-a_1}{a_2} + \varepsilon$;

(iii) 若 $a_1 < c$ 及 $b < a_1$, 则有 $\lim\limits_{t \to +\infty} u(t) = 0$.

为了方便记述 n 维向量, 我们记

$$X = (x_1, \cdots, x_n)^{\mathrm{T}}, \quad Y = (y_1, \cdots, y_n)^{\mathrm{T}}, \quad 0 = (0, \cdots, 0)^{\mathrm{T}}.$$

我们称

$$X > (<)Y \ \text{若} \ x_i > (<)y_i, \quad X > (<)0 \ \text{若} \ x_i > (<)0,$$
$$X \geqslant (\leqslant)Y \ \text{若} \ x_i \geqslant (\leqslant)y_i, \quad i = 1, 2, \cdots, n.$$

令

$$A = \begin{pmatrix} 0 & \dfrac{a_{12}}{a_{11}} & \cdots & \dfrac{a_{1n-1}}{a_{11}} & \dfrac{a_{1n}}{a_{11}} \\ \dfrac{a_{21}}{a_{22}} & 0 & \cdots & \dfrac{a_{2n-1}}{a_{22}} & \dfrac{a_{2n}}{a_{22}} \\ \vdots & \vdots & & \vdots & \vdots \\ \dfrac{a_{n-11}}{a_{n-1n-1}} & \dfrac{a_{n-12}}{a_{n-1n-1}} & \cdots & 0 & \dfrac{a_{n-1n}}{a_{n-1n-1}} \\ \dfrac{a_{n1}}{a_{nn}} & \dfrac{a_{n2}}{a_{nn}} & \cdots & \dfrac{a_{nn-1}}{a_{nn}} & 0 \end{pmatrix},$$

则由 Tineo (1996) 的文献中定理 1.1 和推论 1.2, 有

引理 3.7 若条件 (3.26) 成立, 则对任何常向量 $C = (c_1, \cdots, c_n)^{\mathrm{T}}$, 均有 $\lim\limits_{m \to +\infty} A^m C = 0$.

令 ε_0 为一正常数. 对所有 $j=2,\cdots,n$, $m=1,2,\cdots$, 我们记 $w_{j1}=\dfrac{b_j\mathrm{e}^{-\zeta_j}}{a_{jj}}+\varepsilon_0$ 及

$$\overline{w_m}=\frac{1}{a_{11}}\left(b_1\mathrm{e}^{-\zeta_1}-\sum_{k=2}^{n}a_{1k}w_{km}\right)-\varepsilon_0,\quad w_{jm+1}=\frac{1}{a_{jj}}\left(b_j\mathrm{e}^{-\zeta_j}-a_{j1}\overline{w_m}\right)+\varepsilon_0.$$

引理 3.8　假定条件 (3.25) 成立, 则存在一个充分小的 $\varepsilon_0>0$ 和一个正整数 $m_n>0$, 使得对一切 $j=2,\cdots,n$, 均有 $w_{jm_n}<0$.

证明　记 $\sigma=\dfrac{1}{a_{11}}\sum_{k=2}^{n}\dfrac{a_{1k}a_{k1}}{a_{kk}}$, 则有

$$\overline{w_{m+1}}-\overline{w_m}=-\frac{1}{a_{11}}\sum_{k=2}^{n}a_{1k}(w_{km+1}-w_{km})$$
$$=\sigma(\overline{w_m}-\overline{w_{m-1}})=\sigma^{m-1}(\overline{w_2}-\overline{w_1}).$$

由 $\overline{w_2}-\overline{w_1}=\sigma\overline{w_1}$ 及 $\overline{w_{m+1}}-\overline{w_1}=\sum_{k=2}^{m+1}(\overline{w_k}-\overline{w_{k-1}})=\sum_{k=2}^{m+1}\sigma^{k-1}\overline{w_1}$, 有 $\overline{w_{m+1}}=\sum_{k=0}^{m}\sigma^k\overline{w_1}$. 我们分两种情况来考虑 σ:

(1) 若 $\sigma\geqslant 1$.

取 $\varepsilon_0<\left(b_1\mathrm{e}^{-\zeta_1}-\sum_{k=2}^{n}\dfrac{a_{1k}b_k\mathrm{e}^{-\zeta_k}}{a_{kk}}\right)\bigg/\sum_{k=1}^{n}a_{1k}$, 则有 $\overline{w_1}>0$, 故当 $m\to\infty$ 时, 有 $\overline{w_{m+1}}\to\infty$. 由 w_{jm+2} 的定义, 必有当 $m\to\infty$ 时, 有 $w_{jm+2}\to-\infty$ 对任何 $j=2,\cdots,n$ 均成立.

(2) 若 $0<\sigma<1$.

取

$$\varepsilon_0<\min_{2\leqslant j\leqslant n}\left\{\frac{b_1\mathrm{e}^{-\zeta_1}-\sum\limits_{k=2}^{n}a_{1k}b_k\mathrm{e}^{-\zeta_k}/a_{kk}}{\sum\limits_{k=1}^{n}a_{1k}},\ \frac{b_1\mathrm{e}^{-\zeta_1}a_{j1}-b_ja_{11}\mathrm{e}^{-\zeta_j}(1-\sigma)}{a_{j1}\sum\limits_{k=1}^{n}a_{1k}+2a_{11}a_{jj}}\right\},$$

则有 $\overline{w_1}>0$. 从而我们只需证明对此常数 ε_0, 必存在 m, 使得 $w_{jm}<0$ 对所有 $j\in\{2,\cdots,n\}$ 均成立.

注意 $\lim\limits_{m\to\infty}\sigma^m=0$, 故对此 $\varepsilon_0>0$, 存在 $m_n>0$, 使得对一切 $m>m_n$, 均有 $0<\max\limits_{2\leqslant j\leqslant n}\left\{\dfrac{a_{j1}\sigma^m\overline{w_1}}{a_{jj}(1-\sigma)}\right\}<\varepsilon_0$. 由条件 (3.25) 可知, $b_j\mathrm{e}^{-\zeta_j}<\dfrac{b_1a_{j1}\mathrm{e}^{-\zeta_1}}{a_{11}}$, 从而对所有

$m > m_n$ 及 $j = 2, 3, \cdots, n$, 得

$$
\begin{aligned}
w_{jm+1} &= \frac{b_j e^{-\zeta_j}}{a_{jj}} + \varepsilon_0 - \frac{a_{j1}\overline{w_m}}{a_{jj}} = \frac{b_j e^{-\zeta_j}}{a_{jj}} + \varepsilon_0 - \frac{a_{j1}\overline{w_1}}{a_{jj}(1-\sigma)} + \frac{a_{j1}\sigma^m \overline{w_1}}{a_{jj}(1-\sigma)} \\
&< \frac{b_j e^{-\zeta_j}}{a_{jj}} + 2\varepsilon_0 + \frac{a_{j1}}{a_{11}a_{jj}(1-\sigma)}\left[-b_1 e^{-\zeta_1} + \sum_{k=2}^n \left(\frac{a_{1k}}{a_{kk}} b_k e^{-\zeta_k} + a_{1k}\varepsilon_0 \right) + \varepsilon_0 \right] \\
&< \frac{1}{a_{11}a_{jj}}\left\{ a_{11} b_j e^{-\zeta_j} + \frac{a_{j1}}{1-\sigma}\left[-b_1 e^{-\zeta_1} \right.\right. \\
&\quad \left.\left. + \sum_{k=2}^n \left(\frac{a_{1k}a_{k1}}{a_{11}} \cdot \frac{b_1 e^{-\zeta_1}}{a_{11}} + a_{1k}\varepsilon_0 \right) + \varepsilon_0 \right]\right\} + 2\varepsilon_0 \\
&= \frac{1}{a_{11}a_{jj}}\left[b_j e^{-\zeta_j} a_{11} - \frac{a_{j1}}{1-\sigma} b_1 e^{-\zeta_1} \cdot (1-\sigma) \right] \\
&\quad + \frac{a_{j1}}{a_{11}a_{jj}(1-\sigma)}\left(\sum_{k=2}^n a_{1k} + a_{11} \right)\varepsilon_0 + 2\varepsilon_0 \\
&< \frac{1}{a_{11}a_{jj}}[b_j e^{-\zeta_j} a_{11} - b_1 a_{j1} e^{-\zeta_1}] + \frac{a_{j1}}{2a_{jj}}\left(\frac{b_1 e^{-\zeta_1}}{a_{11}} - \frac{b_j e^{-\zeta_j}}{a_{j1}} \right) \\
&= -\frac{a_{j1}}{2a_{jj}}\left(\frac{b_1 e^{-\zeta_1}}{a_{11}} - \frac{b_j e^{-\zeta_j}}{a_{j1}} \right) < 0.
\end{aligned}
$$

引理 3.8 得证.

假定 ε 为一正常数. 记

$$
\overline{w_{j0}}(\varepsilon) = 0, \varepsilon < \frac{1}{2}\min_{1 \leqslant j \leqslant n}\left\{ \left(b_j e^{-\zeta_j} - \sum_{k \neq j} a_{jk}\frac{b_k e^{-\zeta_k}}{a_{kk}}\right)\Big/ \sum_{k=1}^n a_{jk} \right\},
$$

$$
w_{jm}(\varepsilon) = \frac{b_j e^{-\zeta_j}}{a_{jj}} - \frac{1}{a_{jj}}\sum_{k \neq j} a_{jk}\overline{w_{km-1}}(\varepsilon) + \varepsilon, \quad w_m(\varepsilon) = (w_{1m}(\varepsilon), \cdots, w_{nm}(\varepsilon))^{\mathrm{T}},
$$

$$
\overline{w_{jm}}(\varepsilon) = \frac{b_j e^{-\zeta_j}}{a_{jj}} - \frac{1}{a_{jj}}\sum_{k \neq j} a_{jk} w_{km}(\varepsilon) - \varepsilon, \quad \overline{w_m}(\varepsilon) = (\overline{w_{1m}}(\varepsilon), \cdots, \overline{w_{nm}}(\varepsilon))^{\mathrm{T}},
$$

其中, $j = 1, 2, \cdots, n$, $m = 1, 2, \cdots$. 我们记 I 为 n 阶单位矩阵, Υ 为 n 维向量且 Υ 的每一个分量都为 ε, 有

引理 3.9 假定条件 (3.26) 成立, 则有 $\lim\limits_{(m,\varepsilon)\to(\infty,0)} \overline{w_m}(\varepsilon) = \lim\limits_{(m,\varepsilon)\to(\infty,0)} w_m(\varepsilon)$.

证明 由 $w_{jm}(\varepsilon)$, $\overline{w_{km}}(\varepsilon)(j, k = 1, 2, \cdots, n, \ m = 1, 2, \cdots,)$ 的定义, 有

$$
w_{km+1}(\varepsilon) - w_{jm}(\varepsilon) = -\frac{1}{a_{jj}}\sum_{k \neq j} a_{jk}(\overline{w_{km}}(\varepsilon) - \overline{w_{km-1}}(\varepsilon)),
$$

$$
\overline{w_{km}}(\varepsilon) - \overline{w_{km-1}}(\varepsilon) = -\frac{1}{a_{jj}}\sum_{k \neq j} a_{jk}(w_{km}(\varepsilon) - w_{km-1}(\varepsilon)).
$$

因而

$$w_{m+1}(\varepsilon) - w_m(\varepsilon) = -A \cdot (\overline{w_m}(\varepsilon) - \overline{w_{m-1}}(\varepsilon)),$$
$$\overline{w_m}(\varepsilon) - \overline{w_{m-1}}(\varepsilon) = -A \cdot (w_m(\varepsilon) - w_{m-1}(\varepsilon)),$$

得

$$w_{m+1}(\varepsilon) - w_m(\varepsilon) = A^2(w_m(\varepsilon) - w_{m-1}(\varepsilon)) = \cdots = A^{2(m-1)}(w_2(\varepsilon) - w_1(\varepsilon)),$$
$$\overline{w_{m+1}}(\varepsilon) - \overline{w_m}(\varepsilon) = -A(w_{m+1}(\varepsilon) - w_m(\varepsilon)) = -A^{2m-1}(w_2(\varepsilon) - w_1(\varepsilon)).$$

由 Tineo (1996) 的文献中的定理 1.1 和推论 1.2, 矩阵 A 的特征值小于 1, 从而矩阵 $I - A$ 是不可逆的, 即得

$$w_{m+1}(\varepsilon) - w_1(\varepsilon) = \sum_{j=1}^{m} (w_{j+1}(\varepsilon) - w_j(\varepsilon)) = \sum_{j=1}^{m} A^{2(j-1)}(w_2(\varepsilon) - w_1(\varepsilon))$$
$$= (I - A)^{-1} \cdot (I - A^{2m-1}) \cdot (w_2(\varepsilon) - w_1(\varepsilon)).$$

从而

$$w_{m+1}(\varepsilon) = (I - A)^{-1} \cdot (I - A^{2m-1}) \cdot (w_2(\varepsilon) - w_1(\varepsilon)) + w_1(\varepsilon).$$

类似地, 我们有

$$\overline{w_{m+1}}(\varepsilon) = -(I - A)^{-1} \cdot (I - A^{2m}) \cdot (w_2(\varepsilon) - w_1(\varepsilon)) + \overline{w_1}(\varepsilon).$$

应用引理 3.7, 得

$$\lim_{(m,\varepsilon) \to (\infty,0)} w_{m+1}(\varepsilon) = (I - A)^{-1} \cdot (w_2(0) - w_1(0)) + w_1(0),$$
$$\lim_{(m,\varepsilon) \to (\infty,0)} \overline{w_{m+1}}(\varepsilon) = -(I - A)^{-1} \cdot (w_2(0) - w_1(0)) + \overline{w_1}(0).$$

由

$$\begin{aligned} w_{m+1}(\varepsilon) - \overline{w_{m+1}}(\varepsilon) &= 2\Upsilon - A(\overline{w_m}(\varepsilon) - w_{m+1}(\varepsilon)) \\ &= 2\Upsilon + A[2\Upsilon + A(w_m(\varepsilon) - \overline{w_m}(\varepsilon))] \\ &\quad \vdots \\ &= A^{2m}(w_1(\varepsilon) - \overline{w_1}(\varepsilon)) + 2 \sum_{k=0}^{2m-1} A^k \cdot \Upsilon \\ &= A^{2m}(w_1(\varepsilon) - \overline{w_1}(\varepsilon)) + 2(I - A)^{-1} \cdot (I - A^{2m}) \cdot \Upsilon, \end{aligned}$$

则有 $\lim_{(m,\varepsilon) \to (\infty,0)} (w_m(\varepsilon) - \overline{w_m}(\varepsilon)) = 0.$ 引理 4.5 证毕.

　　由以上命题 3.5 和命题 3.6 我们可知, 在定理 3.7 和定理 3.8 相应的条件下, 平衡点 R_1, R^* 是局部渐近稳定的, 故只需证明在相应的条件下这两个平衡点分别是全局吸引的即可.

3.2.3　本节主要结果的证明

定理 3.7 的证明　我们分以下几个子命题来证明定理.

命题 I　存在 $j \in \{2, \cdots, n\}$, 使得 $\lim\limits_{t \to \infty} x_j(t) \to 0$.

由引理 3.8, 存在 $j_0 \in \{1, 2, \cdots, n\}$ 及 $N_{j_0} > 0$, 使得对一切 $j = 2, 3, \cdots, n$ 及 $N = 1, \cdots, N_{j_0} - 1$, 均有 $w_{j_0 N_{j_0}} < 0$ 及 $w_{jN} > 0$ 成立.

由系统 (3.24) 可得, $\dot{x}_j(t) < b_j \mathrm{e}^{-\zeta_j} x_j(t - \tau_j) - a_{jj} x_j^2(t)$, $j = 2, 3, \cdots, n$. 由引理 3.6, 对给定的 $\varepsilon_0 > 0$, 必存在 $T_1 > 0$, 使得对一切 $t > T_1$ 及 $j = 2, \cdots, n$, 均有 $x_j(t) < \dfrac{b_j \mathrm{e}^{-\zeta_j}}{a_{jj}} + \varepsilon_0 = w_{j1}$ 成立. 故 $\dot{x}_1(t) > b_1 \mathrm{e}^{-\zeta_1} x_1(t - \tau_1) - \sum\limits_{j=2}^{n} a_{1j} w_{j1} x_1(t) - a_{11} x_1^2(t), t > T_1$.

由引理 3.6, 必存在 $\overline{T_1} > T_1$, 使得对一切 $t > \overline{T_1}$, 均有 $x_1(t) > \left(b_1 \mathrm{e}^{-\zeta_1} - \sum\limits_{j=2}^{n} a_{1j} w_{j1} \right) \Big/ a_{11} - \varepsilon_0 = \overline{w_1} > 0$ 成立. 因而

$$\dot{x}_j(t) < b_j \mathrm{e}^{-\zeta_j} x_j(t - \tau_j) - a_{j1} \overline{w_1} x_j(t) - a_{jj} x_j^2(t), \quad j = 2, 3, \cdots, n, \quad t > \overline{T_1}.$$

再次利用引理 3.6, 必存在 $T_2 \geqslant \overline{T_1}$, 使得对一切 $t > T_2$, $j = 2, 3, \cdots, n$, 总有 $x_j(t) < w_{j2}$ 成立.

············

不断重复以上步骤, 得时间数列 $T_1 \leqslant \overline{T_1} \leqslant T_2 \leqslant \overline{T_2} \leqslant \cdots \leqslant T_{N_{j_0}-1} \leqslant \overline{T_{N_{j_0}-1}}$ 使得对一切 $m = 1, 2, \cdots, N_{j_0} - 1, j = 2, \cdots, n$, 当 $t \geqslant T_m$ 时, 有 $x_i(t) \leqslant w_{im}$ 成立; 而当 $t \geqslant \overline{T_m}$ 时, 有 $x_1(t) \geqslant \overline{w_m}$ 成立. 故有

$$\dot{x}_{j_0}(t) < b_{j_0} \mathrm{e}^{-\zeta_{j_0}} x_{j_0}(t - \tau_{j_0}) - a_{j_0 1} \overline{w_{N_{j_0}-1}} x_{j_0} - a_{j_0 j_0} x_{j_0}^2, \quad t > \overline{T_{N_{j_0}-1}}.$$

由引理 3.8 得, $b_{j_0} \mathrm{e}^{-\zeta_{j_0}} - a_{j_0 1} \overline{w_{N_{j_0}-1}} = (w_{j_0 N_{j_0}} - \varepsilon) a_{j_0 j_0} < 0$. 而由引理 3.6, 我们有当 $t \to \infty$ 时, $x_{j_0}(t) \to 0$. 命题 I 证毕.

命题 II　若在系统 (3.24) 中的第 $2, 3, \cdots, n$ 个种群中若有 l 个灭绝 (这里, $0 \leqslant l < n - 1$), 则在余下的 $n - 1 - l$ 种群中必有一个也将灭绝.

由命题 I 可知, 当 $l = 0$ 时命题 II 成立. 假定命题 II 对 $l = p$(这里, $1 \leqslant p < n - 1$) 也成立, 从而在种群 $2, 3, \cdots, n$ 中存在 p 个种群灭绝. 下面我们证明命题 II 对 $l = p + 1$ 也成立. 记指标集 $\{k_1 k_2 \cdots k_n\}$ 为指标集 $\{12 \cdots n\}$ 的一个重排列并且满足 $k_1 = 1$ 及 $\{k_{n-p+1}, \cdots, k_n\}$ 为灭绝的 p 个种群的指标集. 假定 ε 为正常数且满足

$$\sum_{j=n-p+1}^{n} a_{1k_j} \varepsilon < \frac{1}{2} \min_{k_2 \leqslant j \leqslant k_{n-p}} \left\{ b_1 \mathrm{e}^{-\zeta_1} - \sum_{j=2}^{n-p} a_{1k_j} \frac{b_{k_j} \mathrm{e}^{-\zeta_{k_j}}}{a_{k_j k_j}}, \ b_1 \mathrm{e}^{-\zeta_1} - a_{11} \frac{b_{k_j} \mathrm{e}^{-\zeta_{k_j}}}{a_{k_j 1}} \right\}.$$

记 $B_1 \mathrm{e}^{-\zeta_1} = b_1 \mathrm{e}^{-\zeta_1}$, 则由条件 (3.25) 得

$$B_1 \mathrm{e}^{-\zeta_1} > \sum_{j=2}^{n-p} a_{1k_j} \frac{b_{k_j} \mathrm{e}^{-\zeta_{k_j}}}{a_{k_j k_j}}, \quad B_1 \mathrm{e}^{-\zeta_1} > a_{11} \frac{b_{k_j} \mathrm{e}^{-\zeta_{k_j}}}{a_{k_j 1}}, \quad j = 2, \cdots, n-p. \quad (3.27)$$

记

$$w'_{k_j 1} = \frac{b_{k_j} \mathrm{e}^{-\zeta_{k_j}}}{a_{k_j k_j}} + \delta, \quad \overline{w_1}' = \frac{1}{a_{11}} \left(B_1 \mathrm{e}^{-\zeta_1} - \sum_{j=2}^{n-p} a_{1k_j} w'_{k_j 1} \right) - \delta,$$

$$w'_{k_j m} = \frac{1}{a_{k_j k_j}} (b_{k_j} \mathrm{e}^{-\zeta_{k_j}} - a_{k_j 1} \overline{w_{m-1}}') + \delta, \quad \overline{w_m}' = \frac{1}{a_{11}} \left(B_1 \mathrm{e}^{-\zeta_1} - \sum_{j=2}^{n-p} a_{1k_j} w'_{k_j m} \right) - \delta.$$

其中, $m = 2, 3, \cdots$, δ 为一正常数, 则由 (3.27) 式及引理 3.8 得, 若 δ 充分小则必存在 $q \in \{2, \cdots, n-p\}$ 和正整数 $N_{k_q} > 0$, 使得对所有 $j = k_2, \cdots, k_{n-p}$ 和 $N = 1, \cdots, N_{k_q} - 1$, 均有 $w'_{k_q N_{k_q}} < 0$ 且 $w'_{jN} > 0$. 这样, 我们即证明了当 $t \to \infty$ 时, $x_{k_q} \to 0$.

由命题 II 假设, 存在 $T = T(\varepsilon) > 0$ 使得对所有 $t > T(\varepsilon), j = k_{n-p+1}, \cdots, k_n$, 均有 $x_j(t) < \varepsilon$. 故由系统 (3.24) 可得 $\dot{x}_{k_j}(t) < b_{k_j} \mathrm{e}^{-\zeta_{k_j}} x_{k_j}(t - \tau_{k_j}) - a_{k_j k_j} x_{k_j}^2(t)$, $j = k_2, k_3, \cdots, k_{n-p}$. 由引理 3.6, 对给定充分小的 δ, 必存在 $T'_1 > T(\varepsilon)$, 使得对所有 $t > T'_1, j = k_2, k_3, \cdots, k_{n-p}$, 均有 $x_{k_j}(t) < \frac{b_{k_j} \mathrm{e}^{-\zeta_{k_j}}}{a_{k_j k_j}} + \delta = w'_{k_j 1}$. 从而

$$\dot{x}_1(t) > b_1 \mathrm{e}^{-\zeta_1} x_1(t - \tau_1) - \sum_{j=2}^{n-p} a_{1k_j} w'_{k_j 1} x_1(t) - \sum_{j=n-p+1}^{n} a_{1k_j} \varepsilon x_1(t) - a_{11} x_1^2(t), \quad t > T'_1.$$

由引理 3.6, 对此给定的充分小的 δ, 必存在 $\overline{T_1}' > T'_1$, 满足

$$x_1(t) > \frac{1}{a_{11}} \left(B_1 \mathrm{e}^{-\zeta_1} - \sum_{j=2}^{n-p} a_{1k_j} w'_{k_j 1} \right) - \delta = \overline{w_1}', \quad t > \overline{T_1}'.$$

$$\cdots \cdots$$

重复上述步骤, 我们得到时间数列

$$T(\varepsilon) \leqslant T'_1 \leqslant \overline{T_1}' \leqslant \cdots \leqslant T'_{N_{k_q}-1} \leqslant \overline{T_{N_{k_q}-1}}' \leqslant T'_{N_{k_q}},$$

且满足 $x_{k_j}(t) < w'_{k_j m}(t > T'_m)$ 及 $x_1(t) > \overline{w_m}'(t > \overline{T_m}'), m = 1, 2, \cdots, N_{k_q} - 1$, 故有

$$\dot{x}_{k_q} \leqslant b_{k_q} \mathrm{e}^{-\zeta_{k_q}} x_{k_q}(t - \tau_{k_q}) - a_{k_q} \overline{w_{N_{k_q}-1}}' \cdot x_{k_q}(t) - a_{k_q k_q} x_{k_q}^2(t), \quad t \geqslant \overline{T_{N_{k_q}-1}}'.$$

注意 $b_{k_q}\mathrm{e}^{-\zeta_{k_q}} - a_{k_q}\overline{w_{N_{k_q}-1}}' < (w'_{j_1 N_{k_q}} - \delta)a_{k_q k_q} < 0$, 由引理 3.6 可得, 当 $t \to \infty$ 时, $x_{k_q}(t) \to 0$, 即证明了命题 II.

显然, 运用命题 II, 有对一切 $j = 2, \cdots, n$, $\lim\limits_{t\to\infty} x_j(t) = 0$ 均成立. 由类似定理 3.5 的证明方法, 可以证得 $\lim\limits_{t\to\infty} x_1(t) = x_1^*(t)$, 即证明了定理 3.7.

定理 3.8 的证明   由系统 (3.24) 的第 i 个方程可得

$$\dot{x}_i(t) \leqslant b_i\mathrm{e}^{-\zeta_i}x_i(t - \tau_i) - a_{ii}x_i^2(t), \quad i = 1, \cdots, n, \, t \geqslant 0.$$

对引理 3.9 中所定义的 ε, 从而由引理 3.6, 存在 $T_{i1} > 0$, 使得

$$x_i(t) < \frac{b_i\mathrm{e}^{-\zeta_i}}{a_{ii}} + \varepsilon = w_{i1}(\varepsilon), \quad t \geqslant T_{i1}, i = 1, \cdots, n.$$

记 $T_1 = \max\limits_{1\leqslant i\leqslant n}\{T_{i1}\}$, 则 $x_i(t) \leqslant w_{i1}(\varepsilon)$ 对一切 $t \geqslant T_1$ 和 $i = 1, \cdots, n$ 均成立. 将此不等式代入系统 (3.24), 得

$$\dot{x}_i(t) \geqslant b_i\mathrm{e}^{-\zeta_i}x_i(t - \tau_i) - a_{ii}x_i^2(t) - x_i(t)\sum_{j\neq i}^{n} a_{ij}w_{j1}(\varepsilon), \quad i = 1, \cdots, n, t \geqslant T_1.$$

从而, 对此 $\varepsilon > 0$, 存在 $\overline{T_{i1}} \geqslant T_1$, 使得

$$x_i(t) > \frac{1}{a_{ii}}(b_i\mathrm{e}^{-\zeta_i} - \sum_{j\neq i}^{n} a_{ij}w_{j1}(\varepsilon)) - \varepsilon = \overline{w_{i1}}(\varepsilon) > 0, \quad t \geqslant \overline{T_{i1}} > 0, i = 1, \cdots, n.$$

令 $\overline{T_1} = \max\limits_{1\leqslant i\leqslant n}\{\overline{T_{i1}}\}$, 故我们得 $x_i(t) \geqslant \overline{w_{i1}}(\varepsilon)$ 对此 $\varepsilon > 0$ 以及所有 $1 \leqslant i \leqslant n$ 和 $t \geqslant \overline{T_1}$ 均成立.

$\cdots\cdots\cdots\cdots$

重复以上步骤, 我们得到数列 $\{\overline{T_m}\}$, $\{T_m\}$, $\{w_{im}\}$ 和数列 $\{\overline{w_{im}}\}$ 使得对一切 $i = 1, 2, \cdots, n$ 及 $m = 2, 3, \cdots$, 均有

$$\overline{w_{im}}(\varepsilon) < x_i(t) < w_{im}(\varepsilon), \quad t \geqslant \overline{T_m}.$$

注意 ε 可以任意小而整数 m 可以充分大, 由引理 3.9, 我们可得对每一 $i = 1, 2, \cdots, n$, 极限式 $\lim\limits_{t\to+\infty} x_i(t)$ 均存在. 记 $\widehat{X} = (\widehat{x_1}, \cdots, \widehat{x_n})$, 其中 $\widehat{x_i} = \lim\limits_{t\to+\infty} x_i(t)$. 用类似系统 (3.6) 中的定理 3.4 的证明, 可以证明极限式 $\lim\limits_{t\to+\infty} y_i(t)$ 同样存在. 记

$$\lim_{t\to+\infty} Y(t) = \widehat{Y} = (\widehat{y_1}, \cdots, \widehat{y_n}), \quad \widehat{U} = (\widehat{x_1}, \widehat{y_1}, \cdots, \widehat{x_n}, \widehat{y_n}),$$

则有

$$\widehat{U} = \lim_{t\to+\infty}(x_1(t), y_1(t), x_2(t), y_2(t), \cdots, x_n(t), y_n(t)).$$

我们证明点 $\widehat{U}$ 即为系统 (3.24) 中的唯一正平衡点. 由方程 (3.24) 式, 有

$$
\begin{cases}
\lim\limits_{t\to+\infty} \dot{x}_i(t) = b_i \mathrm{e}^{-d_i\tau_i}\widehat{x}_i - \widehat{x}_i\sum\limits_{j=1}^{n} a_{ij}\widehat{x}_j, \\
\lim\limits_{t\to+\infty} \dot{y}_i(t) = b_i\widehat{x}_i - d_i\widehat{y}_i - b_i\mathrm{e}^{-d_i\tau_i}\widehat{x}_i, \quad i = 1, 2, \cdots, n.
\end{cases}
$$

　　证明　$\lim\limits_{t\to+\infty}\dot{X}(t) = 0$. 　如若不然, 则存在整数 $i \in \{1,2,\cdots,n\}$ 使得 $\lim\limits_{t\to+\infty}\dot{x}_i(t) \neq 0$. 这样就有 $\lim\limits_{t\to+\infty} x_i(t) = \infty$, 即引理 3.5 的结论, $x_i(t)$ 最终有界, 矛盾. 从而证得 $\lim\limits_{t\to+\infty}\dot{x}_i(t) = 0$ 对一切 $i = 1, 2, \cdots, n$ 均成立. 类似地, 有 $\lim\limits_{t\to+\infty}\dot{y}_i(t) = 0$ 对一切 $i = 1, 2, \cdots, n$ 均成立. 由方程 (3.24) 和条件 (3.26), 点 $\widehat{U}$ 即为系统 (3.24) 中的唯一正平衡点. 定理 3.8 证毕.

3.2.4　讨论

　　在本节中, 我们综合了 n 种群自治的 Lotka-Volterra 竞争系统模型 (3.23) 和具有阶段结构的两种群竞争系统模型 (3.6) 而建立了自治的 n 种群具有阶段结构的竞争系统模型 (3.24). 正如注释 3.4 所指出的, 这一节的主要结果不但推广了 Tineo (1995) 的相应结果, 而且将两种群竞争系统模型 (3.6) 的所有结果 (定理 3.4~ 定理 3.6) 推广到了 n 种群的一般情形中, 这表明阶段结构系统 (3.24) 和非阶段结构系统 (3.23) 具有类似的渐近性质; 从数学的角度, 就是说尽管我们在非时滞的系统 (3.23) 中引入时滞使其成为了一个时滞系统 (3.24), 但是时滞系统与其非时滞系统相比, 在解的渐近性质方面具有很大的连续性.

　　此外, 我们的结果进一步证实了阶段结构对种群持续生存的负面作用: 假定系统 (3.24) 的系数均满足定理 3.8 的条件 (3.25), 则系统 (3.24) 的所有种群最终共存而且各种群的密度将吸引并稳定在相应的固定数值上. 现在, 逐渐增大种群 $i(i = 2, 3, \cdots, n)$ 的阶段结构度 ζ_i(阶段结构度见定义 3.1) 而同时保持系统 (3.24) 的系数 a_{ij} 和 b_i 不变, 则当 ζ_i 分别增大到适当大, 使得 $\mathrm{e}^{-\zeta_i}$ 足够小时, 就可以使定理 3.7 的条件 (3.26) 得到满足, 从而种群 $2, 3, \cdots, n$ 将灭绝. 这表明适当增大种群 $2, 3, \cdots, n$ 的阶段结构度可以直接使这 $n - 1$ 个种群走向绝灭.

　　因此, 阶段结构是影响物种的持续生存和绝灭的重要的不可忽视的因素之一. 本节中尚有一些问题尚未解决.

　　比如, 具有阶段结构的非自治种群系统, 还会不会具有类似于与其相应的非阶段结构系统相似的解的渐近性质呢? 那么阶段结构会怎样影响这种非自治的竞争系统的持续生存和灭绝呢? 最近, 许多学者研究了非自治多种群的竞争系统 (3.1) (Ahmad S, Lazer A C, 1994; Ahmad S, Montes de Oca F, 1998; Ahmad S, 1999); Ahmad S, Lazer A C, 2000; Liu S Q, Chen L S, 2002; Montes De Oca F, Zeeman M L, 1996; Montes De Oca F, Zeeman M L, 1995; Ortega R, 1995). 特别是在

Ahmad 和 Lazer(1994), Ahmad 和 Montes de Oca (1998), Ahmad (1999), Ahmad 和 Lazer(2000), Liu 和 Chen (2002) 的文献中, 在较弱的条件下得到了关于系统 (3.1) 种群持续生存和灭绝的比较一般的结果; 以这些结果为基础, 我们得以开始研究具有阶段结构的非自治种群竞争系统, 对此系统的研究将在第 3.4 节中具体介绍.

3.3   非自治阶段结构的多种群竞争系统研究

在本节中, 我们建立并讨论非自治阶段结构的多种群竞争系统.

3.3.1   模型的建立

本节研究的系统是建立在第 3.2 节提出的 n 维非自治的竞争系统 (3.1) 与第 3.3 节一些遗留问题的基础上的. 系统 (3.1) 是生态学中的重要模型之一, 因为其既体现了时变的因素, 也体现了种群多样性的实际背景. 基于系统 (3.1) 在生态学上的重要意义, 近年来, 有许多学者致力于研究这个系统的解的渐近行为及系统 (3.1) 中种群的持续生存与灭绝等生态学家们十分感兴趣的问题. 在 Gopalsamy (1985), Ahmad 和 Montes de Oca (1998), Ahmad (1993, 1999) 及 Tineo (1992, 1995) 工作的基础上, Zeeman (1995) 证明, n 维自治的竞争系统 (3.23) 若满足适当的条件, 其 $n - 1$ 个种群将会走向灭绝而余下的单个种群将全局稳定在其对应单种群系统的正平衡点也即其蓄载量上. Montes de Oca 和 Zeeman(1996) 在文献中将 Zeeman(1995) 的结果推广和改进到了非自治阶段结构的多种群竞争系统 (3.1) 的情形. 也就是说, 在其假设条件下, 系统 (3.1) 中的 $n - 1$ 个种群将会走向灭绝而余下的单个种群的密度将趋近并稳定在系统 (3.1) 对应的非自治单种群 Logistic 系统的唯一全局渐近稳定正解.

虽然, 相对于 Gopalsamy (1985), Ahmad 和 Montes de Oca (1998), Ahmad (1993, 1999) 及 Tineo (1992, 1995) 工作, Zeeman (1995) 在文献中的模型 (3.1) 体现了生态环境随时间变化而发生改变的实际背景, 因而更贴近于实际, 但是他还是对实际背景作了如下理想化的假定:

(a) 在任何时刻 t, 同一种群内处于不同年龄阶段的所有个体均具有相同的密度制约率 $a_{ii}(t)$;

(b) 在任何时刻 t, 同一种群内处于不同年龄阶段的所有个体均具有相同繁殖能力和相同的与别的种群竞争的能力.

显然, 对许多物种来说, 以上两条假定是不符合实际的, 因为这些物种的幼体相对成体来说非常弱小; 它们的成活依赖于其成体的哺养或者依赖于其所在卵中富含的营养. 那么, 对这些幼体来说, 它们一般是不具备繁殖能力的, 而且它们也没有能力对与其竞争的种群构成竞争的威胁. 因此, 在本节中我们建立具有阶段结构的竞争模型, 考虑同一种群内处于不同年龄阶段的各个个体之间的生理差别是具有实际意义的.

关于具有阶段结构模型的建模和分析方面的研究, 已经有许多方面的工作, 其中 Aiello 和 Freedman(1990) 在文献中提出的单种群两阶段结构时滞模型 (1.2) 可以说是经典的模型, 不但因为他们在几乎没有条件的情况下, 得到了关于这个模型正平衡点全局渐近稳定的充分条件, 而且更多是因为模型 (1.2) 及其建模方法成为以后许多阶段结构方面研究的共同基础, 这方面的情况可见以下诸多文献中的论述: Aiello 等 (1992), Clark (1990), Cui 和 Chen (2000), Freedman 和 Wu (1991), Huo H 等 (2001), Magnnusson (1997), Magnnusson (1999), Wang (2002), Liu S 等 (2002), Liu S 等 (2002), Lu 等 (2001), Tang 和 Chen (2002), Wang (1998).

在本书的第 3.2 节中, 我们提出并分析了 n 维自治的阶段结构竞争系统 (3.24) 并推广了 n 维自治的 Lotka-Volterra 竞争系统 (3.23) 的相应的一些结论, 但是我们在系统 (3.24) 中, 为了分析的简单起见, 假定了种群的环境是一个自治的生态环境, 也就是说此生态环境的各个参数不因时间变化而变化. 显然, 这也是不符合实际背景的, 因为实际的生态环境大都是时变的. 因此, 在本节中, 我们建立并分析非自治的 n 维阶段结构竞争系统 (3.28), 体现种群所在的生态环境的时变性质. 我们将主要研究此系统解的渐近性和阶段结构对种群的持续生存和灭绝的影响. 我们将主要采用迭代法而不是常用的 Liapunov 函数法来研究这个非自治的 n 维时滞竞争系统. 此外, 为了获得单种群非自治的阶段结构系统正周期解的全局吸引结构, 我们还将运用泛函微分方程的单调算子理论, 这一理论最先是由 Krasnoselskii(1968) 于 1968 年在其文献中开创, 并由 Smith (1987, 1995), Zhao(1996a, b) 和 Wang 等 (1997) 陆续发展. 首先, 为了建立我们的模型, 作如下假定:

(a) 在相对封闭的周期时变环境中有 n 个种群, 对每一个种群 $i(i = 1, 2, \cdots, n)$ 均被分为两个不同的年龄阶段: 幼年阶段 $y_i(t)$(简称幼体, 以下同) 和成年阶段 $x_i(t)$(简称成体, 以下同). 成体具有繁殖幼体的能力, 但是幼体没有繁殖能力.

(b) 种群 i 的成体 $x_i(t)$ 在 t 时刻的产仔率为 $b_i(t)$; 种群 i 的幼体 $y_i(t)$ 在 t 时刻的死亡率为 $d_i(t)$.

(c) 不同 n 个种群为了争夺有限的资源而展开竞争, 但是这种竞争只涉及各个种群的成体, 而各个种群的幼体均不参与种类之间的竞争.

(d) τ_i 为第 i 个种群的幼年期. 也就是说, 那些在 $t - \tau_i$ 时刻出生并且到了 t 时刻依然保持成活的种群 i 的幼体将发育成熟, 转变成种群 i 的成体. 发育成熟的这部分幼体可以通过如下方法来计算:

根据我们的假定 (b), 在 $t - \tau_i$ 时刻出生的第 i 个种群的幼体个数为 $b_i(t - \tau_i)x_i(t - \tau_i)$. 由于这部分幼体在 s 时刻的死亡率为 $d_i(s)$, 所以我们得到这部分幼体

满足微分方程

$$\frac{\mathrm{d}I_i(t)}{\mathrm{d}t} = -d_i(t)I_i(t), \quad I_i(t-\tau_i) = b_i(t-\tau_i)x_i(t-\tau_i).$$

解此方程便得到在 t 时刻转变为成体的这部分幼体的数目为

$$I(t) = b_i(t-\tau_i)x_i(t-\tau_i) \cdot \mathrm{e}^{-\int_{t-\tau_i}^t d_i(s)\mathrm{d}s}.$$

这样就得到如下具有阶段结构的非自治 n 种群竞争模型:

$$\begin{cases} \dot{x}_i(t) = b_i(t-\tau_i)\mathrm{e}^{-\int_{t-\tau_i}^t d_i(s)\mathrm{d}s}x_i(t-\tau_i) - x_i(t)\sum_{j=1}^n a_{ij}(t)x_j(t), \\ \dot{y}_i(t) = b_i(t)x_i(t) - d_i(t)y_i(t) - b_i(t-\tau_i)\mathrm{e}^{-\int_{t-\tau_i}^t d_i(s)\mathrm{d}s}x_i(t-\tau_i), \\ x_i(t) = \varphi_i(t) > 0, \quad y_i(t) = \xi_i(t) \geqslant 0, \quad -\max_{1\leqslant i\leqslant n}\tau_i \leqslant t \leqslant 0, \quad i = 1,\cdots,n, \end{cases}$$
$$(3.28)$$

其中, τ_i 为非负常数; $b_i(t), a_{ij}(t), d_i(t)(i,j=1,2,\cdots,n)$ 均为非负的 ω 周期函数且对一切 $t\in[0,\omega]$ 均有 $b_i(t), a_{ii}(t), d_i(t) > 0$ 成立. 为了保持系统 (3.28) 解的连续性, 我们在本节始终假定系统 (3.28) 满足

$$y_i(0) = \int_{-\tau_i}^0 b_i(s)\varphi_i(s)\mathrm{e}^{-\int_s^0 d_i(u)\mathrm{d}u}\mathrm{d}s, \quad i = 1,2,\cdots,n.$$

同时, 为了表述的方便, 我们记

$$B_i(t) = b_i(t-\tau_i)\mathrm{e}^{-\int_{t-\tau_i}^t d_i(s)\mathrm{d}s}, \quad i = 1,2,\cdots,n.$$

显然, $B_i(t)$ 也是 ω 周期函数且对一切 $t\in[0,\omega]$ 其函数值恒为正.

注释 3.5 注意到若 $\tau_i \equiv 0$ 对一切 $i=1,2,\cdots,n$ 均成立, 则系统 (3.28) 变成系统 (3.23), 故我们可以视系统 (3.23) 为系统 (3.28) 的在其阶段结构度为零时的一种特殊情况; 若系统 (3.28) 的所有系数均为常数, 则系统 (3.28) 变成自治的 n 维阶段结构竞争系统 (3.24), 故系统 (3.28) 推广并且统一系统 (3.23) 和系统 (3.24).

定义 3.2 我们称 $\int_{t-\tau_i}^t d_i(s)\mathrm{d}s$ 为种群 $i(i=1,2,\cdots,n)$ 的阶段结构度.

定义 3.3 对一个有界函数 $f(t)$, 我们记 $f^l = \inf_t f(t)$, $f^m = \sup_t f(t)$.

3.3.2 主要结果

下面我们给出本节的主要结果:

定理 3.9 若系统 (3.28) 满足条件

$$B_1^l > \sum_{j=2}^n B_j^m \cdot a_{1j}^m/a_{jj}^l, \quad B_1^l/a_{11}^m > B_j^m/a_{j1}^l, \quad j = 2,\cdots,n, \quad (3.29)$$

则 $\lim_{t \to \infty} x_j(t) = \lim_{t \to \infty} y_j(t) = 0 \ (j = 2, \cdots, n)$, 而 $\lim_{t \to \infty} x_1(t) = x_1^*(t)$, $\lim_{t \to \infty} y_1(t) = y_1^*(t)$.

这里, $B_i^l, B_j^m, a_{ij}^m, a_{ij}^l(i,j = 1, 2, \cdots, n)$ 可见定义 3.3, $(x_1^*(t), y_1^*(t))$ 为如下非自治单种群阶段结构系统的唯一的正周期解 (非自治单种群阶段结构系正周期解的全局吸引性见定理 3.12 证明):

$$\begin{cases} \dot{x}_1(t) = B_1(t)x_1(t - \tau_1) - a_{11}(t)x_1^2(t), \\ \dot{y}_1(t) = b_1(t)x_1(t) - d_1(t)y_1(t) - B_1(t)x_1(t - \tau_1), \\ x_1(t) = \varphi_1(t) > 0, \quad y_1(t) = \psi_1(t) \geqslant 0, \quad -\tau_1 \leqslant t \leqslant 0. \end{cases} \quad (3.30)$$

注释 3.6   在第 3.2 节中 (Liu S, Chen L, Agarwal R, 2002), 我们在定理 3.7 中证明若模型 (3.24) 对应的自治系统满足条件 (3.29), 则种群 $2, \cdots, n$ 将走向灭绝而种群 1 将全局吸引于系统 (3.30) 相应自治系统的正平衡点. 因而, 定理 3.9 推广了 Liu S 等 (2002) 的文献中的定理 3.7.

记 $R_+^{2n} = \{U = (x_1, y_1, \cdots, x_n, y_n) \in \mathbf{R}^n : x_i, y_i \geqslant 0, \ i = 1, \cdots, n\}$, 并且作如下定义:

定义 3.4   称系统 (3.28) 为持续生存的, 如果存在一个紧集域 $\Omega \subset \text{Int}\mathbf{R}_+^{2n}$ 使得系统 (3.28) 的每一个解将最终进入并保持在域 Ω 中.

定理 3.10   若条件

$$B_i^l / a_{ii}^m > \sum_{j \neq i} a_{ij}^m \cdot B_j^m / a_{jj}^l, \quad i = 1, 2, \cdots, n \quad (3.31)$$

得到满足, 则系统 (3.28) 是持续生存的.

由定理 3.9 可直接得到如下两个推论:

推论 3.5   令系统 (3.28) 中的 $n = 2$ 且条件

$$B_1^l > B_2^m \cdot a_{12}^m / a_{22}^l, \quad B_1^l > B_2^m \cdot a_{11}^m / a_{21}^l \quad (3.32)$$

得到满足, 则有 $\lim_{t \to \infty} x_2(t) = \lim_{t \to \infty} y_2(t) = 0$, 而 $\lim_{t \to \infty} x_1(t) = x_1^*(t)$, $\lim_{t \to \infty} y_1(t) = y_1^*(t)$. 证得解 $(x_1^*(t), y_1^*(t))$ 为系统 (3.30) 的唯一正周期界.

推论 3.6   令系统 (3.28) 中的 $n = 2$ 且条件

$$B_2^l > B_1^m \cdot a_{22}^m / a_{12}^l, \quad B_2^l > B_1^m \cdot a_{21}^m / a_{11}^l \quad (3.33)$$

得到满足, 则有 $\lim_{t \to \infty} x_1(t) = \lim_{t \to \infty} y_1(t) = 0$, 而 $\lim_{t \to \infty} x_2(t) = x_2^*(t)$, $\lim_{t \to \infty} y_2(t) = y_2^*(t)$.

这里, 解 $(x_2^*(t), y_2^*(t))$ 为如下非自治单种群阶段结构系统 (3.34) 的唯一正周期解 (系统 (3.34) 解的全局吸引性见定理 3.11 的证明):

$$\begin{cases} \dot{x}_2(t) = B_2(t)x_2(t - \tau_2) - a_{22}(t)x_2^2(t), \\ \dot{y}_2(t) = b_2(t)x_2(t) - d_2(t)y_2(t) - B_2(t)x_2(t - \tau_2), \\ x_2(t) = \varphi_2(t) > 0, \quad y_2(t) = \psi_2(t) \geqslant 0, \quad t \in [-\tau_2, 0]. \end{cases} \quad (3.34)$$

注释 3.7 在 Liu 等 (2002) 的文献中的定理 3.5、定理 3.6 中, 我们证明了推论 3.5 和推论 3.6 对系统 (3.28) 中的一种特殊情形系统 (3.6). 因此, 推论 3.5 和推论 3.6 大大推广了定理 3.5、定理 3.6. 此外, Ahamad 在文献 Ahamad S(1993) 获得了系统 (3.1) 在 $n = 2$ 情形下灭绝的充分条件; 推论 3.5、推论 3.6 推广并联结了 Liu 等 (2002) 和 Ahamad (1993) 的文献中的一些结果.

3.3.3 预备引理

下面我们来证明本节的主要结果, 首先我们需要证明如下引理.

引理 3.10 由系统 (3.28) 有

(1) 系统 (3.28) 的每一个解对所有 $t > 0$ 均为严格正的;

(2) 系统 (3.28) 的每一个解均为最终有界的.

证明 (1) 由类似 Aiello 和 Freedman (1990) 的文献中定理 1 的证明, 我们可得对一切 $t > 0$, 均有 $x_i(t) > 0$. 下面我们证明 $y_i(t) > 0 (i = 1, 2, \cdots, n)$ 也成立. 由系统 (3.28) 有

$$\dot{y}_i(t) = b_i(t)x_i(t) - B_i(t)x_i(t - \tau_i) - d_i(t)y_i(t).$$

在 $[0, t]$ 上对其积分得

$$
\begin{aligned}
y_i(t) &= \left(y_i(0) + \int_0^t [b_i(s)x_i(s) - B_i(s)x_i(s - \tau_i)] e^{\int_0^s d_i(u)du} ds \right) \cdot e^{-\int_0^t d_i(s)ds} \\
&= \left(y_i(0) + \int_0^t \left[b_i(s)x_i(s) - b_i(s - \tau_i) \right. \right. \\
&\quad \left. \left. \cdot x_i(s - \tau_i) e^{-\int_{s-\tau_i}^s d_i(u)du} \right] e^{\int_0^s d_i(u)du} ds \right) \cdot e^{-\int_0^t d_i(s)ds} \\
&= \left(y_i(0) + \int_0^t \left[b_i(s)x_i(s) e^{\int_0^s d_i(u)du} \right. \right. \\
&\quad \left. \left. - b_i(s - \tau_i)x_i(s - \tau_i) e^{\int_0^{s-\tau_i} d_i(u)du} \right] ds \right) \cdot e^{-\int_0^t d_i(s)ds} \\
&= \left(y_i(0) - \int_{-\tau_i}^0 b_i(s)\varphi_i(s) e^{-\int_s^0 d_i(u)du} ds \right. \\
&\quad \left. + \int_{t-\tau_i}^t b_i(s)x_i(s) e^{\int_0^s d_i(u)du} ds \right) \cdot e^{-\int_0^t d_i(s)ds} \\
&= \int_{t-\tau_i}^t b_i(s)x_i(s) e^{\int_0^s d_i(u)du} ds \cdot e^{-\int_0^t d_i(s)ds} > 0,
\end{aligned}
$$

即证明了 (1).

(2) 由系统 (3.28) 可得 $\dot{x}_i(t) \leqslant B_i^m x_i(t - \tau_i) - a_{ii}^l x_i^2(t)$. 记 $u(t)$ 为方程

$$\dot{u}(t) = B_i^m u(t - \tau_i) - a_{ii}^l u^2(t), \quad u(t) = \varphi_i(t), \quad -\tau_i \leqslant t \leqslant 0$$

的解, 则由比较定理得 $u(t) \geqslant x_1(t) > 0 (t \geqslant 0)$. 由 Aiello 和 Freedman(1990) 的文献中的定理 2 得 $\lim\limits_{t \to \infty} u(t) = B_i^m / a_{ii}^l$, 从而推得 $x_i(t)$ 是最终有界的. 故必存在正常数 M 及 $T(T > \tau_i)$, 使得对一切 $i = 1, 2, \cdots, n$ 和 $t \geqslant T + \tau_i$, 均有 $x_i(t) < M$ 成立. 因而有

$$y_i(t) = y_i(0) \mathrm{e}^{-\int_0^t d_i(s)\mathrm{d}s} + \int_{t-\tau_i}^t b_i(s) x_i(s) \mathrm{e}^{\int_0^s d_i(u)\mathrm{d}u} \mathrm{d}s \cdot \mathrm{e}^{-\int_0^t d_i(s)\mathrm{d}s}$$

$$\leqslant y_i(0) + \frac{b_i^m \cdot M}{d_i^l} \cdot \tau$$

对一切 $t \geqslant T + \tau_i$ 均成立. 证得引理 3.10.

引理 3.11　**考虑方程**

$$\dot{x}(t) = bx(t-\tau) - a_1 x(t) - a_2 x^2(t), \quad x(t) = \varphi(t) > 0, \quad -\tau \leqslant t \leqslant 0. \tag{3.35}$$

其中, $b, a_2 > 0, a_1 \geqslant 0$ 且 $\tau \geqslant 0$ 为常数, 则有

(i) $\lim\limits_{t \to \infty} x(t) = \dfrac{b - a_1}{a_2}$ 当且仅当 $b \geqslant a_1$;

(ii) $\lim\limits_{t \to \infty} x(t) = 0$ 当且仅当 $b \leqslant a_1$.

证明　在引理 3.2 中, 证明了对方程 (3.35), 若 $b > a_1$, 则有 $\lim\limits_{t \to \infty} x(t) = \dfrac{b - a_1}{a_2}$; 若 $b < a_1$, 则有 $\lim\limits_{t \to \infty} x(t) = 0$. 下面我们证明若 $b = a_1$, 则有 $\lim\limits_{t \to \infty} x(t) = 0$. 分以下两种情况来考虑.

(1) $x(t)$ 是最终单调的.

由 $x(t)$ 是最终单调可推出极限 $\lim\limits_{t \to +\infty} x(t)$ 存在. 记此极限为 L_1, 从而 $L_1 \geqslant 0$. 只需证明必有 $L_1 = 0$. 如若不然, 必有 $L_1 > 0$, 则此时有 $\lim\limits_{t \to +\infty} \dot{x}(t) = bL_1 - a_1 L_1 - a_2 L_1^2 < 0$. 从而当 $t \to +\infty$ 时便有 $x(t) \to -\infty$, 矛盾, 证明了第一种情况.

(2) $x(t)$ 是最终非单调的.

记 $\delta = \overline{\lim\limits_{t \to +\infty}} x(t)$, 只需证明 $\delta = 0$ 即可证得结论. 若 $\delta > 0$, 则存在 $x(t)$ 的极大值数列记为 $\{x(t_i)\}$ 且满足 $\dot{x}(t_i) = 0$ 及 $\lim\limits_{i \to +\infty} x(t_i) = \delta$, 这里当 $i \to +\infty$ 时, $t_i \to +\infty$. 由 $b\delta - a_1\delta - a_2\delta^2 < 0$, 故必存在充分小的正数 ε, 使得 $b(\delta + \varepsilon) - a_1(\delta - \varepsilon) - a_2(\delta - \varepsilon)^2 < -3b\varepsilon < 0$ 成立. 对此 $\varepsilon > 0$, 必存在正整数 N, 使得对一切 $i > N$, 均有 $\delta - \varepsilon < x(t_i) < \delta + \varepsilon$.

证明必存在一个 $t_i(i > N)$, 使得 $x(t_i - \tau) \leqslant x(t_i) + 2\varepsilon$. 如若不然, 则对一切 $i = 1, 2, \cdots$, 有

$$x(t_i - \tau) > x(t_i) + 2\varepsilon > \delta - \varepsilon + 2\varepsilon = \delta + \varepsilon.$$

由此式得 $\overline{\lim\limits_{t \to +\infty}} x(t) \geqslant \delta + \varepsilon$ 与 $\delta = \overline{\lim\limits_{t \to +\infty}} x(t)$ 矛盾, 故满足 $x(t_i - \tau) \leqslant x(t_i) + 2\varepsilon$ 的

t_i 必存在. 记此 t_i 为 $\overline{t_i}$, 从而有

$$
\begin{aligned}
0 = \dot{x}(\overline{t_i}) &= bx(\overline{t_i} - \tau) - a_1 x(\overline{t_i}) - a_2 x^2(\overline{t_i}) \\
&\leqslant b(x(\overline{t_i}) + 2\varepsilon) - a_1 x(\overline{t_i}) - a_2 x^2(\overline{t_i}) \\
&< 2b\varepsilon + b(\delta + \varepsilon) - a_1(\delta - \varepsilon) - a_2(\delta - \varepsilon)^2 < -b\varepsilon < 0,
\end{aligned}
$$

矛盾, 这证明了 $\delta = 0$.

由以上两种情况, 我们便证得当 $b = a_1$ 时, 则有 $\lim\limits_{t \to +\infty} x(t) = 0$. 再利用引理 3.2, 我们便证得引理 3.11.

由引理 3.10、引理 3.11 及比较定理, 易得如下推论:

推论 3.7 考虑方程

$$
\dot{x}(t) < bx(t - \tau) - a_1 x(t) - a_2 x^2(t)(t \geqslant 0), \quad x(t) = \varphi(t) > 0(t \in [-\tau, 0]),
$$

则有

若 $b > a_1$, 则存在 $T > 0$ 及正常数 $\varepsilon < \dfrac{1}{2}(b - a_1)/a_2$, 使得 $x(t) < \dfrac{b - a_1}{a_2} + \varepsilon$ 对一切 $t > T$ 均成立; 若 $b \leqslant a_1$, 则有 $\lim\limits_{t \to \infty} x(t) = 0$.

推论 3.8 考虑方程

$$
\dot{x}(t) > bx(t - \tau) - a_1 x(t) - a_2 x^2(t)(t \geqslant 0), \quad x(t) = \varphi(t) > 0(t \in [-\tau, 0]),
$$

则有

若 $b > a_1$, 则存在 $T > 0$ 及正常数 $\varepsilon < \dfrac{1}{2}(b - a_1)/a_2$, 使得 $x(t) > \dfrac{b - a_1}{a_2} - \varepsilon$, 对一切 $t > T$ 均成立.

定义 3.5 我们记

$$
w_{j1} = \frac{B_j^m}{a_{jj}^l} + \varepsilon, \qquad\qquad \overline{w_1} = \frac{1}{a_{11}^m}\left(B_1^l - \sum_{j=2}^{n} a_{1j}^m w_{j1}\right) - \varepsilon,
$$

$$
w_{jm} = \frac{1}{a_{jj}^l}(B_j^m - a_{j1}^l \overline{w_{m-1}}) + \varepsilon, \qquad \overline{w_m} = \frac{1}{a_{11}^m}\left(B_1^l - \sum_{j=2}^{n} a_{1j}^m w_{jm}\right) - \varepsilon.
$$

其中, $j = 2, \cdots, n$.

引理 3.12 若条件 (3.29) 满足且正常数 ε 可以充分小, 则必存在 $j_0 \in \{2, \cdots, n\}$ 及 $N_{j_0} > 0$, 使得对一切 $j = 2, \cdots, n$, 均有 $w_{j_0 N_{j_0}} < 0$ 且 $w_{j N_{j_0} - 1} > 0$.

证明 取

$$
\varepsilon < \min_{2 \leqslant j \leqslant n}\left\{ \frac{B_1^l - \sum\limits_{k=2}^{n} a_{1k}^m B_k^m / a_{kk}^l}{\sum\limits_{k=1}^{n} a_{1k}^m}, \quad \frac{B_1^l a_{j1}^l - a_{11}^m B_j^m}{a_{j1}^l \sum\limits_{k=1}^{n} a_{1k}^m + 2a_{11}^m a_{jj}^l} \right\}
$$

及 $\sigma = \dfrac{1}{a_{11}^m}\displaystyle\sum_{k=2}^{n}\dfrac{a_{1k}^m a_{k1}^l}{a_{kk}^l}$, 则易得 $\overline{w_{m+1}} - \overline{w_m} = \sigma(\overline{w_m} - \overline{w_{m-1}}) = \sigma^{m-1}(\overline{w_2} - \overline{w_1})$. 再由条件 (3.29) 得 $\overline{w_2} - \overline{w_1} = \sigma\overline{w_1} > 0$, 故有

$$\overline{w_{m+1}} - \overline{w_m} = \sigma^m \overline{w_1} > 0, \quad m = 1, 2, \cdots,$$

从而有

$$\overline{w_{m+1}} = \sum_{i=0}^{m} \sigma^i \overline{w_1}.$$

注意对一切 $j = 2, \cdots, n$ 均有 $w_{j1} > 0$, 则我们只要找到对某个 $j_1 \in \{2, \cdots, n\}$ 满足不等式 $w_{j_1 N} < 0$ 的正整数 N, 事实上我们只需找到满足这些要求的所有 N 中的最小的一个即可. 我们证明引理对 σ 分以下两种情形:

(1) $\sigma \geqslant 1$.

当 $m \to \infty$ 时, $\overline{w_{m+1}} \to \infty$. 再由定义 3.5 中 w_{jm+1} 的定义得, 当 $m \to \infty$ 时, 对每一个 $j = 2, \cdots, n$, 都有 $w_{jm+1} \to -\infty$, 故在情形 $\sigma \geqslant 1$ 下, 证得引理.

(2) $0 < \sigma < 1$.

由定义 3.5 得, $\overline{w_1} > 0$ 且为有界常数. 因此对所取的 $\varepsilon > 0$, 存在 $N_j > 0$, 使得

$$0 < \max_{2 \leqslant j \leqslant n} \left\{ \frac{a_{j1}^l \sigma^m \overline{w_1}}{a_{jj}^l (1-\sigma)} \right\} < \varepsilon$$

对一切 $m > N_j$ 均成立. 注意 $\overline{w_{m+1}} = \displaystyle\sum_{i=0}^{m} \sigma^i \overline{w_1} = \dfrac{(1-\sigma^m)}{1-\sigma}\overline{w_1}$, 从而由条件 (3.29) 可得 $B_j^m < B_1^l \cdot a_{j1}^l / a_{11}^m$. 这样便得

$$
\begin{aligned}
w_{jm+1} &= \frac{B_j^m}{a_{jj}^l} + \varepsilon - \frac{a_{j1}^l \overline{w_m}}{a_{jj}^l} = \frac{B_j^m}{a_{jj}^l} + \varepsilon - \frac{a_{j1}^l \overline{w_1}}{a_{jj}^l (1-\sigma)} + \frac{a_{j1}^l \sigma^m \overline{w_1}}{a_{jj}^l (1-\sigma)} \\
&< \frac{B_j^m}{a_{jj}^l} + 2\varepsilon + \frac{a_{j1}^l}{a_{11}^m a_{jj}^l (1-\sigma)} \left[-B_1^l + \sum_{k=2}^{n} \left(\frac{a_{1k}^m}{a_{kk}^l} B_k^m + a_{1k}^m \varepsilon \right) + a_{11}^m \varepsilon \right] \\
&< \frac{1}{a_{11}^m a_{jj}^l} \left\{ a_{11}^m B_j^m + \frac{a_{j1}^l}{1-\sigma} \left[-B_1^l + \sum_{k=2}^{n} \left(\frac{a_{1k}^m a_{k1}^l}{a_{kk}^l} \cdot \frac{B_1^l}{a_{11}^m} + a_{1k}^m \varepsilon \right) + a_{11}^m \varepsilon \right] \right\} + 2\varepsilon \\
&= \frac{1}{a_{11}^m a_{jj}^l} \left[B_j^m a_{11}^m - \frac{a_{j1}^l}{1-\sigma} B_1^l \cdot (1-\sigma) \right] + \frac{a_{j1}^l}{a_{11}^m a_{jj}^l (1-\sigma)} \left(\sum_{k=2}^{n} a_{1k}^m + a_{11}^m \right) \varepsilon + 2\varepsilon \\
&< \frac{1}{a_{11}^m a_{jj}^l} [B_j^m a_{11}^m - B_1^m a_{j1}^l] + \frac{a_{j1}^l}{2 a_{jj}^l} \left(\frac{B_1^l}{a_{11}^m} - \frac{B_j^m}{a_{j1}^l} \right) \\
&= -\frac{a_{j1}^l}{2 a_{jj}^l} \left(\frac{B_1^l}{a_{11}^m} - \frac{B_j^m}{a_{j1}^l} \right) < 0,
\end{aligned}
$$

即证明了在情形 $0 < \sigma < 1$ 下, 引理 3.12 成立. 由以上两种情形我们便证得引理 3.12.

下面为了证明定理 3.9, 先考虑非自治的单种群阶段结构系统 (3.30) 和系统 (3.34) 的全局吸引性, 有

定理 3.11 系统 (3.30) 有唯一全局吸引的正的 $\omega-$周期解记为 $(x_1^*(t), y_1^*(t))$.

证明 我们将主要用 Wang 在参考文献 (Wang W, Fergola P, Tenneriello C, 1997) 中的定理 2.8 来证明系统 (3.30) 的解的全局吸引性. 考虑系统 (3.30) 的如下子系统:

$$x_1(t) = B_1(t)x_1(t - \tau_1) - a_{11}(t)x_1^2(t), \quad x(t) = \varphi(t) > 0, \quad t \in [-\tau_1, 0]. \quad (3.36)$$

故只需证明系统 (3.36) 满足参考文献 (Wang W, Fergola P, Tenneriello C, 1997) 中的定理 2.8 的条件. 下面我们来一一验证.

(1) 令 $f(t, \varphi) = B_1(t)\varphi(-\tau_1) - a_{11}(t)\varphi^2(0)$, 则有 $f(t, \varphi)|_{\varphi(0)=0} = B_1(t)\varphi(-\tau_1) > 0$;

(2) 易知 $A(t) = L(t, \widehat{e_1}) \neq 0$, 从而 $A(t)$ 是不可约的;

(3) 由系统 (3.36) 可知, 对每一个 $r > 0$, 存在充分小的 ε, 使得对一切 $t \in \mathbf{R}$, 均有 $\eta_{ij}(-r + \varepsilon, t) > 0$;

(4) 若 $\varphi = 0$, 则 $x_1(t, 0, \varphi) \equiv 0$ 对一切 $t \geqslant t_0$ 均成立;

(5) 由于 $B_1^l > 0$, $a_{11}^m < \infty$, 从而必存在 $0 < a < b$, 使得

$$f(t, s \cdot a) > 0, \quad t \in \mathbf{R}, \, 0 < s \leqslant 1; \quad f(t, \xi \cdot b) < 0, \quad t \in \mathbf{R}, \, 1 \leqslant \xi;$$

(6) $F(t, x_{1t}(\phi)) = f(t, x_{1t}(\phi)) - D_\phi f(t, x_{1t}(\phi))x_{1t}(\phi) = a_{11}(t)\phi_1(0) > 0$.

从而系统 (3.36) 满足参考文献 (Wang W, Fergola P, Tenneriello C, 1997) 中的定理 2.8 的全部条件, 故系统 (3.36) 有唯一全局吸引的 ω 周期正解 $x_1^*(t)$. 下面我们证明对系统 (3.30), 存在唯一的正的 ω 周期函数 $y_1^*(t)$, 使得 $\lim\limits_{t \to \infty}(x_1(t), y_1(t)) = (x_1^*(t), y_1^*(t))$, 对系统 (3.30) 的每一个解 $(x_1(t), y_1(t))$ 都成立. 首先, 我们证明 $y_1^*(t)$ 的存在性. 考虑如下关于 $y_1(t)$ 的方程:

$$\dot{y}_1(t) = b_1(t)x_1^*(t) - B_1(t)x_1^*(t - \tau_1) - d_1(t)y_1(t), \quad y(0) > 0, \quad (3.37)$$

则系统 (3.37) 是 ω 周期的系统. 由类似引理 3.10 的证明方法可知

$$y_1(t) \geqslant y_1(0)e^{-\int_0^t d_1(s)ds} + \int_{t-\tau_1}^t b_1(s)x_1^*(s)e^{\int_0^t d_1(u)du}ds \cdot e^{-\int_0^t d_1(s)ds}$$

$$\geqslant y_1(0)e^{-\int_0^t d_1(s)ds} + \frac{b_1^l x_1^{*l}}{d_1^m}(1 - e^{-\int_{t-\tau_1}^t d_1(s)ds}) > 0.$$

这表明 $y_1(t)$ 有正的最终下界, 而引理 3.10 表明 $y_1(t)$ 有正的最终上界. 从而由 Brauwer 不动点定理, 系统 (3.37) 至少有一个 ω 周期正的解. 记 $y_1^*(t)$ 为系统 (3.37) 的任何一个 ω 周期解, 记

$$K(t) = b_1(t)(x_1(t) - x_1^*(t)) - B_1(t)[x_1(t - \tau_1) - x_1^*(t - \tau_1)],$$

则当 $t \to \infty$ 时, 有 $K(t) \to 0$. 因而对 $\forall \varepsilon > 0$, 存在常数 T, 使得 $|K(t)|/d_1^l < \dfrac{\varepsilon}{3}$, $t \geqslant T$, 从而存在常数 T_1 且 $T_1 > T$ 满足

$$\max\left\{(y_1(0) - y_1^*(0))\mathrm{e}^{-\int_0^t d_1(u)\mathrm{d}u}, \ \mathrm{e}^{-\int_0^t d_1(s)\mathrm{d}s} \cdot \int_0^T K(s) \cdot \mathrm{e}^{\int_0^s d_1(u)\mathrm{d}u}\mathrm{d}s\right\} < \frac{\varepsilon}{3}, \quad t > T_1.$$

由系统 (3.37), 有

$$\frac{\mathrm{d}(y_1(t) - y_1^*(t))}{\mathrm{d}t} = K(t) - d_1(t)(y_1(t) - y_1^*(t)).$$

从而对 $t > T_1$, 有

$$
\begin{aligned}
|y_1(t) - y_1^*(t)| &= \left|(y_1(0) - y_1^*(0))\mathrm{e}^{-\int_0^t d_1(u)\mathrm{d}u} + \mathrm{e}^{-\int_0^t d_1(s)\mathrm{d}s} \cdot \int_0^t K(s) \cdot \mathrm{e}^{\int_0^s d_1(u)\mathrm{d}u}\mathrm{d}s\right| \\
&< \frac{\varepsilon}{3} + \mathrm{e}^{-\int_0^t d_1(s)\mathrm{d}s} \cdot \left(\int_0^T + \int_T^t\right)|K(s)| \cdot \mathrm{e}^{\int_0^s d_1(u)\mathrm{d}u}\mathrm{d}s \\
&< \frac{2\varepsilon}{3} + \mathrm{e}^{-\int_0^t d_1(s)\mathrm{d}s} \cdot \int_T^t \frac{|K(s)|}{d_1^l} \cdot \mathrm{e}^{\int_0^s d_1(u)\mathrm{d}u}d_1(s)\mathrm{d}s \\
&\leqslant \frac{2\varepsilon}{3} + \frac{\varepsilon}{3}\mathrm{e}^{-\int_0^t d_1(s)\mathrm{d}s} \cdot \int_T^t \mathrm{d}(\mathrm{e}^{\int_0^s d_1(u)\mathrm{d}u}d_1(s)\mathrm{d}s) < \varepsilon.
\end{aligned}
$$

即证得定理 3.11.

类似地, 我们有

定理 3.12 系统 3.34 有唯一一个全局吸引的正的 ω 周期解 $(x_2^*(t), y_2^*(t))$.

注释 3.8 定理 3.11、定理 3.12 表明, 阶段结构并不影响单种群非自治系统 (3.30) 和非自治系统 (3.34) 唯一 ω 周期解的全局吸引性.

3.3.4　主要结果的证明

由定理 3.11、定理 3.12, 我们得以证明本节的主要结论.

定理 3.9 的证明 分如下几个步骤证明定理.

命题 I　存在 $j \in \{2, 3, \cdots, n\}$, 使得 $\lim\limits_{t \to \infty} x_j(t) \to 0$ 成立.

由引理 3.10 可得, $\dot{x}_j(t) < B_j^m x_j(t - \tau_j) - a_{jj}^l x_j^2(t)$, $j = 2, 3, \cdots, n$. 利用推论 3.7, 对引理 3.12 中所取的 ε, 存在 $T_{j1} > 0$, 使得 $x_j(t) < \dfrac{B_j^m}{a_{jj}^l} + \varepsilon = w_{j1}$, 对所有

$t > T_{j1}(j = 2, \cdots, n)$ 均成立.

记 $T_1 = \max\limits_{2 \leqslant j \leqslant n}\{T_{j1}\}$, 则有 $\dot{x}_1(t) > B_1^l x_1(t - \tau_1) - \sum\limits_{j=2}^{n} a_{1j}^m w_{j1} x_1(t) - a_{11}^m x_1^2(t),\ t >$

T_1, 由推论 3.7 得, 存在 $\overline{T_1} > T_1$, 使得 $x_1(t) > (B_1^l - \sum\limits_{j=2}^{n} a_{1j}^m w_{j1})/a_{11}^m - \varepsilon = \overline{w_1} > 0$,

对一切 $t > \overline{T_1}$ 都成立. 代入系统 (3.28) 有

$$\dot{x}_j(t) < B_j^m x_j(t - \tau_j) - a_{j1}^l \overline{w_1} x_j(t) - a_{jj}^l x_j^2(t), \quad j = 2, 3, \cdots, n, \quad t > \overline{T_1}.$$

由推论 3.7 得, 存在 $T_{j2} \geqslant \overline{T_1}$, 使得 $x_j(t) < w_{j2}$, 对一切 $t > T_{j2}$ 都成立.

$$\cdots\cdots$$

重复上述步骤得时间数列

$$T_1 \leqslant \overline{T_1} \leqslant T_2 \leqslant \overline{T_2} \leqslant \cdots \leqslant T_{N_{j_0}-1} \leqslant \overline{T_{N_{j_0}-1}},$$

且此数列满足 $x_i(t) \leqslant w_{im}\ (t \geqslant T_m)$ 及 $x_1(t) \geqslant \overline{w_m}\ (t \geqslant \overline{T_m})$ 对一切 $m = 1, 2, \cdots, N_{j_0} - 1, j = 2, \cdots, n$ 均成立.

因而, 我们得

$$\dot{x}_{j_0}(t) < B_{j_0}^m x_{j_0}(t - \tau_{j_0}) - a_{j_0 1}^l \overline{w_{N_{j_0}-1}} x_{j_0} - a_{j_0 j_0}^l x_{j_0}^2, \quad t > \overline{T_{N_{j_0}-1}}.$$

由引理 3.12 得, $B_{j_0}^m - a_{j_0 1}^l \overline{w_{N_{j_0}-1}} = (w_{j_0 N_{j_0}} - \varepsilon) a_{j_0 j_0}^l < 0$. 再由推论 3.7 得, 当 $t \to \infty$ 时, $x_{j_0}(t) \to 0$, 证得命题 I.

不失一般性, 我们假定 $j_0 = n$.

命题 II 必存在 $j_1 \in \{2, \cdots, n-1\}$, 使得当 $t \to \infty$ 时, 均有 $x_{j_1}(t) \to 0$ 成立.

取 ε 为一充分小的正常数且满足 $\varepsilon < \min\limits_{2 \leqslant j \leqslant n-1}\left\{\dfrac{B_n^m}{2a_{nn}^l}, \dfrac{B_1^l a_{j1}^l - B_j^m a_{11}^m}{2a_{11}^m} a_{j1}^l\right\}$, 则

由命题 I 可知存在 $T(\varepsilon) > 0$, 使得对所有 $t > T(\varepsilon)$, 均有 $x_n(t) < \varepsilon$.

我们记

$$w_{j1}' = \frac{B_j^m}{a_{jj}^l} + \varepsilon, \qquad\qquad \overline{w_1}' = \frac{1}{a_{11}^m}\left(B_1^l - \sum_{j=2}^{n-1} a_{1j}^m w_{j1}' - a_{1n}^m \varepsilon\right) - \varepsilon,$$

$$w_{jm}' = \frac{1}{a_{jj}^l}\left(B_j^m - a_{j1}^l \overline{w_{m-1}}'\right) + \varepsilon, \quad \overline{w_m}' = \frac{1}{a_{11}^m}\left(B_1^l = \sum_{j=2}^{n-1} a_{1j}^m w_{jm}' - a_{1n}^m \varepsilon\right) - \varepsilon.$$

其中, $j = 2, \cdots, n-1,\ m = 1, 2, \cdots, \varepsilon$ 为引理 3.12 中所取的正常数, 则利用条件 (3.29) 及引理 3.12 中的类似证明可得, 必存在 $j_1 \in \{2, 3, \cdots, n-1\}$ 和 N_{j_1}, 使得 $w_{j_1 N_{j_1}}' < 0$, 而对任何 $j = 2, \cdots, n-1$, 均有 $w_{j N_{j_1}-1} > 0$.

在利用类似命题 I 的证明, 我们得到如下的时间数列:

$$T(\varepsilon) \leqslant T_1' \leqslant \overline{T_1}' \leqslant \cdots \leqslant T_{N_{j_1}-1}' \leqslant \overline{T_{N_{j_1}-1}}' \leqslant T_{N_{j_1}}',$$

使得 $x_j(t) < w'_{jm}(t > T'_m)$ 且 $x_1(t) > \overline{w_m}'(t > \overline{T_m}'), m = 1, 2, \cdots, N_{J_1-1}$. 因而有

$$\dot{x}_{j_1} \leqslant B^m_{j_1} x_{j_1}(t - \tau_{j_1}) - a^l_{j_1} \overline{w_{N_{j_1}-1}}' \cdot x_{j_1}(t) - a^l_{j_1 j_1} x^2_{j_1}(t), \quad t \geqslant \overline{T_{N_{j_1}-1}}'.$$

又由于 $B^m_{j_1} - a^l_{j_1} \overline{w_{N_{j_1}-1}}' < (w'_{j_1 N_{j_1}} - \varepsilon) a^l_{j_1 j_1} < 0$. 从而利用推论 3.7 得, 当 $t \to \infty$ 时, 必有 $x_{j_1}(t) \to 0$. 证得命题 II.

重复命题 II 的证明得, 当 $t \to \infty$ 时, 对一切 $j = 2, \cdots, n$, 均有 $x_j(t) \to 0$, 从而我们易证 $\lim\limits_{t \to \infty} y_i(t) = 0, i = 2, 3, \cdots, n$.

命题 III $\quad \lim\limits_{t \to \infty} x_1(t) = x_1^*(t), \quad \lim\limits_{t \to \infty} y_1(t) = y_1^*(t)$.

运用类似定理 3.11 的证明, 我们可以证明若 $\lim\limits_{t \to \infty} x_1(t) = x_1^*(t)$ 成立, 则必有 $\lim\limits_{t \to \infty} y_1(t) = y_1^*(t)$ 成立. 于是, 只需证明前者成立即可. 注意系统 (3.30) 是系统 (3.28) 在 $\lim\limits_{t \to \infty} x_j(t) = 0 (j = 2, \cdots, n)$ 时的极限系统, 并且 $x_1(t)$ 和 $\left| \dfrac{\mathrm{d}x_1(t)}{\mathrm{d}t} \right|$ 均为最终有界的. 故由 Zhao (1996) 的文献中的定理 2.3、定理 3.1 得, $\lim\limits_{t \to \infty} x_1(t) = x_1^*(t)$, 即证得定理 3.9.

定理 3.10 的证明　由系统 (3.28) 得

$$\dot{x}_i(t) \leqslant B^m_i x_i(t - \tau_i) - a^l_{ii} x^2_i(t), \quad i = 1, 2, \cdots, n.$$

利用推论 3.7, 对满足 $0 < \varepsilon < \dfrac{1}{2} \min\limits_{1 \leqslant i \leqslant n} \left\{ \left(B^l_i - \sum\limits_{j \neq i} a^m_{ij} \cdot \dfrac{B^m_j}{a^l_{jj}} \right) \Big/ \sum\limits_{j \neq i} a^m_{ij} \right\}$ 的常数 ε, 存在正常数 $T > 0$, 使得 $x_i(t) < \dfrac{B^m_i}{a^l_{ii}} + \varepsilon$, 对任何 $t > T$, $i = 1, \cdots, n$ 均成立.

将上式代入系统 (3.28) 得

$$\dot{x}_i(t) \geqslant B_i(t) x_i(t - \tau_i) - x_i(t) \sum\limits_{j \neq i} a_{ij}(t) x_j(t) - a_{ii}(t) x^2_i(t),$$
$$i = 1, 2, \cdots, n, t > T.$$

注意由条件 (3.31) 得, $B^l_i - \sum\limits_{j \neq i} a^m_{ij} \cdot \left(\dfrac{B^m_i}{a^l_{ii}} + \varepsilon \right) > 0, i = 1, 2, \cdots, n, t \geqslant T$. 故由推论 3.7 可得, $x_i(t)$ 有正的最终下界, 因而 $x_i(t)$ 有正的最终上界和正的最终下界.

由引理 3.10 知, $x_i(t)$ 有正的最终上界. 而利用引理 3.10 中的证明得

$$
\begin{aligned}
y_i(t) &= \int_{t-\tau_i}^{t} b_i(s)x_i(s)\mathrm{e}^{\int_0^s d_i(u)\mathrm{d}u}\mathrm{d}s \cdot \mathrm{e}^{-\int_0^t d_i(s)\mathrm{d}s} \\
&= \int_{t-\tau_i}^{t} b_i(s)x_i(s)\mathrm{e}^{\int_0^t d_i(u)\mathrm{d}u} \cdot \mathrm{e}^{-\int_s^t d_i(u)\mathrm{d}u}\mathrm{d}s \cdot \mathrm{e}^{-\int_0^t d_i(s)\mathrm{d}s} \\
&= \int_{t-\tau_i}^{t} b_i(s)x_i(s)\mathrm{e}^{-\int_s^t d_i(u)\mathrm{d}u}\mathrm{d}s \\
&\geqslant \int_{t-\tau_i}^{t} b_i(s)x_i(s)\mathrm{e}^{-\int_{t-\tau_i}^t d_i(u)\mathrm{d}u}\mathrm{d}s \\
&\geqslant \int_{t-\tau_i}^{t} b_i^l x_i(s)\mathrm{e}^{-\tau_i \cdot d_i^m}\mathrm{d}s.
\end{aligned}
$$

由于 $x_i(t)$ 有正的最终下界, 故由上式得 $y_i(t)$ 也有正的最终下界, 由定义 3.4 证得系统 (3.28) 是持续生存的.

3.3.5 讨论

在本节中, 我们将 n 种群非自治的 Lotka-Volterra 竞争系统 (3.1) 和 n 种群自治的 Lotka-Volterra 阶段结构竞争系统 (3.24) 结合, 建立了具有阶段结构的 n 种群非自治的 Lotka-Volterra 竞争系统 (3.28). 利用单调流理论和渐近周期流理论, 获得了系统 (3.28) 持续生存和灭绝的充分条件. 我们的结果分别推广了 Ahamad (1993), Liu 等 (2002), Liu 等 (2002) 的文献中的工作.

此外, 我们的结论进一步表明阶段结构直接影响如此一般的多种群系统 (3.28) 中解的渐近行为.

我们可以通过如下步骤来说明, 首先假定系统 (3.28) 满足定理 3.10 的条件 (3.31), 则由定理 3.10 知, 此时系统 (3.28) 是持续生存的, 即其 n 种群均能共存; 如果我们在此基础上逐步分别增加种群 $2, 3, \cdots, n$ 的阶段结构度 (阶段结构度见定义 3.2), 同时保持种群 1 的阶段结构度不变, 则 $\mathrm{e}^{-\int_{t-\tau_j}^t d_j(s)\mathrm{d}s}(j = 2, \cdots, n)$ 将随种群 $2, 3, \cdots, n$ 的阶段结构度的增大而相应减小. 一旦种群 $2, 3, \cdots, n$ 的阶段结构度增大到足够大, 则系统 (3.28) 将满足条件 (3.29), 由定理 3.9 知, 此时系统 (3.28) 的种群 $2, 3, \cdots, n$ 将趋于灭绝. 这表明适当增大种群 $2, 3, \cdots, n$ 的阶段结构度可以直接导致这些种群的灭绝.

另一方面, 阶段结构也可能成为种群持续生存的原因之一, 我们考虑系统 (3.28) 的两种群特殊情形, 即系统 (3.30). 假定条件 (3.32) 满足, 则由推论 3.5 可知系统 (3.30) 中的种群 2 将灭绝而种群 1 将持续生存. 此时, 逐渐增大种群 1 的阶段结构度而同时保持种群 2 的不变, 则 $\mathrm{e}^{-\int_{t-\tau_1}^t d_1(s)\mathrm{d}s}$ 将随之逐渐减小. 当种群 1 的阶段结构度增加到适当大, 也就是 $\int_{t-\tau_1}^t d_1(s)\mathrm{d}s$ 充分大的时候, 条件 (3.31) 将会得到满

足. 此时, 由定理 3.10 知, 种群 1 和种群 2 会共存; 若继续增加种群 1 的阶段结构度到充分大, 则条件 (3.33) 将会得到满足. 此时, 由推论 3.6 知, 系统 (3.30) 中的种群 1 将灭绝而种群 2 将持续生存. 从而, 适当增加种群 1 的阶段结构度不但可以使得与其竞争的种群 2 摆脱灭绝的命运, 而且可以直接导致种群 1 本身的灭绝.

基于以上论述, 我们可以得出如下结论: 种群阶段结构度对此种群产生负面的影响, 但是有利于与其竞争的种群的持续生存. 阶段结构是影响种群的持续生存和灭绝的重要原因之一, 由我们本节的定理可知, 大的阶段结构度是自然界中某些种群灭绝的可能原因之一. 那么, 为了保护那些珍惜的濒危动物免于灭绝, 可以采取增大与其竞争的种群的阶段结构度的方式来实现, 这可以通过以下两种方式来实现:

(1) 增加与其竞争的种群的幼体的死亡率 $d_i(t)$, 即可以采取捕杀与其竞争的种群的幼体的方式;

(2) 延缓竞争种群的幼体的成熟, 以达到增大其成熟期 τ_i 的目的.

3.4　小　　结

关于具有阶段结构竞争系统的研究, 还可参阅 Song 和 Chen (2001), Huo 等 (2001), Liu 等 (2002), Liu 等 (2002) 及最近的 Liu 等 (2002), Zhao (2003) 等的文献. 其中, Song 和 Chen (2001) 研究了具有收获的阶段结构竞争系统; Huo 等 (2001) 研究了具有自食的阶段结构竞争系统; Liu 等 (2002) 和 Liu 等 (2002) 则分别将系统 (3.7) 推广到多维种群及时变环境下多维的情形, 并得到了关于系统解的渐近行为的结果. Zhao (2003) 将 Liu 等 (2002) 的文献中的非自治阶段结构竞争系统推广到更一般的情形, 运用单调系统理论分别得到了周期环境和渐近周期环境下系统解渐近行为的结果. Liu 等 (2002) 考虑了具有分布竞争时滞的阶段结果竞争系统, 得到了系统平衡点全家吸引的充分条件. 其中值得注意的是, Zhao (2003) 提供了运用单调动力系统理论研究竞争时滞系统解的渐近行为的详细论证过程, 具有较大的参考价值.

第4章　阶段结构的资源–消费者系统研究

在种群生态学的研究中, 资源–消费者 (consumer-resource) 关系被认为是最重要的或者说最基本的种群生态关系 (Kot M, 2001), 理论生态学大家 Murdoch, Briggs 和 Nisbert 在他们合撰的专著*Consumer-Resource Dynamics*(William W, Murdoch Chery J, 2003) 中更是特别指出: "······ 资源–消费者关系是生态种群中的基本构成单位 ······" 究其原因, 是因为每一个物种都在资源–消费生态关系的链条中扮演某个角色, 或者作为消费者猎食另一种群, 或者作为资源被另一个种群所消费 (William W, Murdoch Chery J, 2003). 客观上, 资源–消费关系是其他种群间关系, 如竞争、合作、共生等种群间关系作用的基础, 也就是说种群间的其他相互作用关系都是通过某种资源–消费者关系作为媒介而形成的 (Cantrell R S, Cosner C, Ruan S G, 2004). 因此, 从理论上研究资源–消费者种群动力模型对深刻理解种群生态系统的发展和变化规律具有极为重要的意义.

在本章研究中, 我们将介绍几类阶段结构的资源–消费者系统研究结果. 在 4.1 节中, 介绍具有 Beddington-DeAngelis 型功能性反应的阶段结构捕食–食饵系统研究, 该研究主要来自作者与 Beretta 教授在文献 (Liu S 等, 2006) 中合作的工作; 在 4.2 节中, 介绍具有阶段结构和代际时滞的 Beddington-DeAngelis 型功能性反应的捕食–食饵系统; 在 4.3 节中, 介绍其他类型的阶段结构捕食食饵系统, 并讨论该领域尚未解决的研究问题.

4.1　Beddington-DeAngelis 型阶段结构捕食–食饵系统研究

在本节内容中, 我们主要讨论 Beddington-DeAngelis 型阶段结构捕食–食饵系统, 本节内容来自作者分别与 Beretta(2006) 及 Zhang 等 (2008) 合作的工作.

4.1.1　引言

在这一节中, 我们主要研究一个具有阶段结构的 Beddington-DeAngelis 型功能性反应捕食–食饵模型. 如本章前言所述, 捕食–食饵关系的研究是生态学家研究的中心领域, 而对于某一特定捕食食饵模型研究中的一个极其重要的前提就是确定其捕食者的功能性反应函数. 所谓功能性反应函数就是捕食者的相对消费量, 即平均每个捕食者单位时间内捕猎食饵的量 (Skalski G T, Gilliam, 2001). 应该指出, 不同的捕食–食饵种群系统具有不同的功能性反应函数, 指望存在放之四海而皆准、普遍适合的功能性反应函数是不符合实际的.

在经典捕食–食饵数学模型中, 常常用一个依赖于捕食者密度 x 的函数 $f(x)$, 记为捕食者瞬时的功能性反应函数. 常见的几种功能性反应函数分别为

(1) Holling 型 (食饵依赖型), 这是经典的功能性反应函数. HollingI-III 型功能性反应函数由 Holling 在 1959 年提出 (参见文献 Holling C S, 1959). 此外, 反应食饵种群群体防御行为的非单调的捕食依赖型函数也被许多学者标记为 Holling IV 型, 关于该类型函数可参见文献 (陈兰荪, 孟新柱, 焦建军, 2009); Ruan S, Xiao D, 2001; Zhang H Campbell S A, Wolkowicz G S K, 2005);

(2) Hassell-Varley 型 (捕食者依赖型), 由 Hassell 和 Varley(1969) 于 1969 年在文献中提出;

(3) Beddington-DeAngelis 型 (捕食者依赖型), 由 Beddington(1975) 和 DeAngelis 等 (1975) 于 1975 年分别独立地在文献中提出;

(4) Crowley-Martin 型 (捕食者依赖型), 由 Crowley 和 Martin(1989) 于 1989 年在文献中提出;

(5) Ratio-dependence type 型 (比例依赖型), 近年来受到较多关注由 Arditi 和 Ginzburg 于 1989 年在文献 (Arditi R, Ginzburg L R, 1989) 中提出的, 该类型反应函数得到了 Kuang 和 Beretta(1998) 等许多学者的进一步研究.

在以上功能性反应函数中, Holling I-III 型由于仅仅依赖于食饵种群的数量而被 Arditi 和 Ginzburg(1989) 称为 "食饵依赖型" 功能性反应函数, 其余类型函数由于体现了捕食者间的相互干扰作用, 从而被其称为 "捕食者依赖型" 功能性反应函数. 近年来, 相比 "食饵依赖型" 功能性反应函数模型, "捕食者依赖型" 功能性反应函数捕食食饵模型得到了理论和试验生物学家们的更多支持 (Abrams P A, Walters C J, 1996; Abrams P A, Ginzburg L R, 2000; Cosner C, DeAnge Lis D L Ault J S, et al., 1999; Reeve J D, 1997; Ruxton G, Gurney WSC, DeRoos A, 1992; Skalski G T, Gilliam J F, 2001 等). Abrams 和 Ginzburg(2000) 认为就体现捕食者影响大小方面来说, 食饵依赖型和比例依赖型功能性反应函数可谓两个极端, 而捕食者依赖型函数可以被视为介于前两者之间的类型. 他认为 "······ 严格的食饵依赖型和比例依赖型模型都是不常见的 ······", 然而 "捕食者依赖型模型是普遍的". 在 Skalski 和 Gilliam(2001) 的文献中, 通过从 19 种捕食食饵系统中的统计数据来比较三种捕食者依赖型功能性反应函数 (Beddington-DeAngelis 型、Crowley-Martin 型及 Hassell-Varley 型). Skalski 和 Gilliam 指出, 相对于食饵依赖型功能性反应函数, 捕食者依赖型功能性反应函数模型结果与实际数据拟合得更好. 尽管在以上 Skalski 等分析的三种捕食者依赖型功能性反应关系中, 没有一种关系能在全部数据拟合中优于其他类型, 然而 Beddington-DeAngelis 型功能性反应函数 (简称 BD 函数) 在许多案例中表现更符合现实资料. 此外, BD 函数能从许多实际作用中推导

出来 (Beddington J R, 1975; Cosner C, DeAngelis DL, Ault JS, et al., 1999, Ruxton G, Gurney WSC, DeRoos A, 1992), 而且以该函数建立起来的捕食–食饵模型展现出了丰富且在生物意义上非常合理的动力学现象 (Cantrell R S, Cosner C, 2001), 因而研究该模型是有意义的.

BD 函数形式如下 (Beddinton J R, 1975):

$$f(x, y) = \frac{bx}{1 + k_1 x + k_2 y}, \tag{4.1}$$

相应的, BD 模型的形式如下:

$$\begin{cases} x'(t) = rx(t)(1 - \dfrac{x(t)}{K}) - \dfrac{bx(t)y(t)}{1 + k_1 x(t) + k_2 y(t)}, \\ y'(t) = \dfrac{nbx(t)y(t)}{1 + k_1 x(t) + k_2 y(t)} - dy(t), \end{cases} \tag{4.2}$$

其中, x, y 分别代表食饵、捕食者的密度, b(单位: 1/时间) 及 k_1(单位: 1/食饵数量) 为正常数, 分别表示捕获率及捕食者对所捕获猎物的平均处理时间, $k_2 \geqslant 0$(单位: 1/捕食者数量) 表示捕食者之间的相互干扰率常数 (DeAngelis D L, Goldstein R A, Neill R, 1975). BD 模型在形式上很类似于我们熟悉的 Holling II 型功能性反应函数 (以下简称 H2 模型). 不过, 不同的是 BD 函数有一个额外项 $k_2 y$, 这一项体现了捕食者之间的相互干扰. (4.1) 式中的这种功能性反应同时依赖于食饵和捕食者, 因此被 Arditi 和 Ginzburg(1989) 于文献中命名为 "捕食者依赖". 关于 H2 模型的动力行为, 在 Hsu 等 (1978), Kuang (1990) 等文献中进行了深入的研究. 因此, 在此基础上研究捕食者之间的干扰将会如何影响系统的动力行为是一个有意义的问题.

4.1.2 模型的建立

近年来, 对于 BD 模型 (4.2) 已经有一些研究 (Cantrell R S, Cosner C, 2001; Cantrell R S, Cosner C, Ruan S G, 2004; Fan M, Kuang Y, 2004; Hwang Z W, 2003, 2004; Liu Z, Yuan R, 2004; Qiu Z P, Yu J, Zou Y, 2004)). Cantrell 与 Cosner(2001) 在文献中考虑了模型 (4.2) 并且获得了系统永久持续生存、灭绝、正平衡点全局稳定及周期轨存在性的条件. 他们证明, 参数 k_2 的确能改变模型 (4.2) 中平衡点的位置和稳定性, 具体表现如下:

(1) 适当增加 k_2 可以使得正平衡点从不稳定变为稳定;

(2) 使 $k_2 > 0$ 能够减小系统 (4.2) 解轨道的振幅, 足够增加 $k_2 > 0$, 使得解轨道的最终振幅区间为零. 在这个意义上, $k_2 > 0$ 对系统起到稳定的作用, 可以看作系统 (4.2) 的一个自我约束项.

Hwang(2003) 在文献中证明如果系统 (4.2) 的正平衡点的局部稳定性直接蕴含

了其全局稳定性. 在文献中, Hwang(2004) 获得了系统 (4.2) 极限环唯一性的充分条件.

Liu 和 Yuan(2004) 在文献中考虑了在函数 (4.1) 的捕食方程反应项 $f(x, y)$ 中加入时滞 τ 的如下模型:

$$
\begin{cases}
x'(t) = rx(t)(1 - \dfrac{x(t)}{K}) - \dfrac{bx(t)y(t)}{1 + k_1 x(t) + k_2 y(t)}, \\
y'(t) = y(t)\left[-d + \dfrac{nbx(t-\tau)}{1 + k_1 x(t-\tau) + k_2 y(t-\tau)}\right].
\end{cases}
\tag{4.3}
$$

注意在系统 (4.3) 的第二个方程中, 存在一个非时滞项 $y(t)$. 模型 (4.3) 类似 Kuang (1993), Beretta 与 Kuang(1998) 在文献中研究的模型, 即 τ 可视为捕食者的妊娠期或反应期 (Martin A, Ruan S, 2001). 在文献 (Liu Z, Yuan R, 2004) 中, 通过选择时滞 τ 作为参数, Liu 和 Yuan 证明当 τ 穿过某个临界值时, 系统 (4.3) 的正平衡点产生稳定性的 Hopf 分支.

尽管关于 BD 模型研究方面取得了诸如上面所述的许多结果, 然而就考虑捕食者生命历程中的巨大差异性方面来说, 并没有得到研究者们的注意. 之前的研究因为数学上的简单性忽略了这一点, 而这是不符合实际的, 理由如下:

(1) 幼年捕食者种群并非一出生即成年, 而是要经过一段时期的幼年期后才如此;

(2) 幼年捕食者在幼年期并不能独立捕食, 而是由其亲体喂食抚养, 或者依靠其所在的卵体中的营养物质生存, 因此这个时期的幼年捕食者并不是捕食食饵种群, 它们也不具备繁殖能力;

(3) 显然, 并非每个幼年捕食者都能够存活过它们的幼年期, 那些存活过幼年期的捕食者将成年, 也即此时这些捕食者才具备了捕食食饵和繁殖后代的能力.

基于以上原因, 我们有必要建立和考虑体现捕食者阶段差异的捕食食饵模型. 在这一模型中, 我们将研究阶段结构和捕食者的相互干扰行为这两个因素对系统动力行为产生的综合影响. 大多数现存的阶段结构模型 (Aiello W G, Freedman H I, 1990; Liu S 2002, Ou L, Luo G, Jiang Y, et al., 2003; Al-Omari J, Gourley S, 2003 等) 都只考虑依赖于一个资源量为常量前提下的单种群增长性, 而忽略了种群增长对资源相应的负反馈作用 (Gourley S A, Kuang Y, 2004). 为了克服以上模型的不足, 在文献 (Gourley S A, Kuang Y, 2004) 中, Gourley 和 Kuang 建立了一个鲁棒阶段结构捕食食饵模型. 在该模型中, 他们假设具有阶段结构的捕食者 (消费者) 种群的增长是出生和死亡相互作用的结果, 而这两者此消彼长的变化均依赖于资源 (食饵) 种群动态的支持. 由于受 Gourley 和 Kuang(2004) 在文献中建模方法的启示, 我们建立了鲁棒的阶段结构 BD 模型如下:

$$\begin{cases} x'(t) = rx(t)\left(1 - \dfrac{x(t)}{K}\right) - \dfrac{bx(t)y(t)}{1 + k_1x(t) + k_2y(t)}, \\[3mm] y'(t) = \dfrac{nbe^{-d_j\tau}x(t-\tau)y(t-\tau)}{1 + k_1x(t-\tau) + k_2y(t-\tau)} - dy(t), \\[3mm] y_j'(t) = \dfrac{nbx(t)y(t)}{1 + k_1x(t) + k_2y(t)} - \dfrac{nbe^{-d_j\tau}x(t-\tau)y(t-\tau)}{1 + k_1x(t-\tau) + k_2y(t-\tau)} - d_jy_j(t), \\[3mm] x(\theta),\ y(\theta) \geqslant 0\text{连续},\ -\tau \leqslant \theta \leqslant 0, x(0), y(0), y_j(0) > 0, \end{cases} \qquad (4.4)$$

其中, $x(t)$, $y(t)$ 分别表示食饵和成年捕食者的密度, $y_j(t)$ 表示幼年捕食者的密度. 我们假定幼年捕食者具有死亡率 d_j(穿越幼年阶段死亡率), 并记 τ 为幼年期的时间长度, 从而易知, $e^{-d_j\tau}$ 为每个幼年个体能存活过幼年期达到成年的概率. 在数学上, 为了保持方程 (4.4) 解的连续性, 本节中我们要求初值满足

$$y_j(0) = b\int_{-\tau}^{0} \frac{e^{d_js}x(s)y(s)}{1 + k_1x(s) + k_2y(s)}\mathrm{d}s. \qquad (4.5)$$

由系统 (4.4) 的第三个方程及系统初始条件 (4.5), 并采用文献 Liu S 等 (2002) 引理 3.1 中类似的方法, 有

$$y_j(t) = b\int_{-\tau}^{0} \frac{e^{d_js}x(t+s)y(t+s)}{1 + k_1x(t+s) + k_2y(t+s)}\mathrm{d}s, \qquad (4.6)$$

即表明未知量 $y_j(t)$ 由项 $x(t), y(t)$ 两项完全确定. 从而, 如下子系统可以从系统 (4.4) 中分离出来单独考虑:

$$\begin{cases} x'(t) = rx(t)\left(1 - \dfrac{x(t)}{K}\right) - \dfrac{bx(t)y(t)}{1 + k_1x(t) + k_2y(t)}, \\[3mm] y'(t) = \dfrac{nbe^{-d_j\tau}x(t-\tau)y(t-\tau)}{1 + k_1x(t-\tau) + k_2y(t-\tau)} - dy(t), \\[3mm] x(\theta),\ y(\theta) \geqslant 0\text{连续},\ -\tau \leqslant \theta \leqslant 0, x(0), y(0) > 0. \end{cases} \qquad (4.7)$$

在本节中, 我们主要研究系统 (4.4) 的全局动力行为及研究阶段结构参数 $d_j\tau$ 和捕食者干扰系数 k_2 如何影响、改变系统 (4.4) 的动力行为.

本节内容构成如下: 在 4.1.3 节中, 我们考虑系统 (4.4) 的平衡点并给出其正平衡点存在的条件, 给出系统永久持续生存的充要条件. 其后, 研究正平衡点的全局稳定性, 在 4.1.5 节中研究系统 (4.4) 的正平衡点的局部稳定性. 关于正平衡点的分析是很具有创新的, 由此虽然只获得其稳定性转换的一般条件, 但是获得了系统在取较大的参数 k_2 时局部稳定的充分条件. 作为分析部分的补充, 我们列出了一些巧妙设计的数值模拟结果, 在最后小节中均讨论了以上结果.

4.1.3　平衡点分析

由方程 (4.6), 只需考虑系统 (4.7) 的平衡点 (x, y), 即如下方程的非负代数解:

$$
\begin{cases}
rx(1 - \dfrac{x}{K}) - \dfrac{bxy}{1 + k_1 x + k_2 y} = 0, \\
\dfrac{nbe^{-d_j\tau}xy}{1 + k_1 x + k_2 y} - dy = 0.
\end{cases} \tag{4.8}
$$

易知系统 (4.7) 总存在如下两个平衡点: $E_0 = (0, 0)$, $E_1 = (K, 0)$. 由方程组 (4.8) 还可知, 系统 (4.7) 存在唯一正平衡点的充分必要条件是

$$
\frac{nbe^{-d_j\tau}K}{1 + k_1 K} > d, \tag{4.9}
$$

这里

$$
x^* = \frac{1}{2}\left(-B + \sqrt{B^2 + 4C}\right), \quad y^* = \frac{x^*(nbe^{-d_j\tau} - dk_1) - d}{dk_2}, \tag{4.10}
$$

其中

$$
B = \frac{K}{r}\left(\frac{nbe^{-d_j\tau} - dk_1}{ne^{-d_j\tau}k_2} - r\right), \quad C = \frac{Kd}{rne^{-d_j\tau}k_2}.
$$

当捕食者成熟期时滞 τ 属于区间 $I = [0, \tau^*)$ 时, 正平衡点 E 均存在. 这里, τ^* 满足

$$
\tau^* = \frac{1}{d_j}\log\frac{Knb}{d(1 + Kk_1)}. \tag{4.11}
$$

由 (4.10) 式易知, 在区间 I 内增长 τ 将降低 y^* 的值, 而且当 τ 降低至 τ^* 时, E 将与 E_1 重合, 其后对于更大的 τ, 系统将不存在正平衡点.

在另一方面, k_2 不影响正平衡点的存在性, 因为条件 (4.9) 中不涉及 k_2. 不过, (4.10) 式却表明 k_2 值的增加将减小 y^* 的值, 而且当 k_2 趋于无穷大时正平衡点 E 将与边界平衡点 E_1 重合.

4.1.4　永久持续生存和灭绝

下面给出系统 (4.4) 关于永久持续生存和灭绝的充分必要条件:

定理 4.1　极限式 $\lim\limits_{t\to\infty}(x(t), y(t), y_j(t)) = (K, 0, 0)$ 成立当且仅当不等式 $\dfrac{nbe^{-d_j\tau}K}{1 + k_1 K} \leqslant d$ 成立.

定理 4.2　系统 (4.4) 是永久持续生存当且仅当系统满足 (4.9) 式.

注释 4.1　定理 4.1 和定理 4.2 直接将文献 (Gourley S A, Kuang Y, 2004) 中的定理 3.1 推广到了阶段结构情形.

注释 4.2　在数学上, 定理 4.2 表明系统 (4.4) 的永久持续生存等价于其正平衡点的存在性. 在生物学上, 定理 4.2 表明捕食者与食饵能够共存当且仅当捕食者在食饵数量达到其顶峰 (即达到其环境容纳量 K) 时的生育率大于其死亡率.

取 $k_2 = 0$, 则函数 (4.1) 中的 $f(x, y)$ 变成了 H2 功能性反应函数, 由上面的定理 4.1 及定理 4.2, 我们直接推出

推论 4.1 若系统 (4.4) 中 $k_2 = 0$, 则等式 $\lim\limits_{t \to \infty}(x(t), y(t), y_j(t)) = (K, 0, 0)$ 成立当且仅当不等式 $\dfrac{nbe^{-d_j\tau}K}{1 + k_1K} \leqslant d$ 为真.

推论 4.2 若系统 (4.4) 中 $k_2 = 0$, 则其为永久持续生存的充分必要条件是 $\dfrac{nbe^{-d_j\tau}K}{1 + k_1K} > d$.

令 $k_1 = k_2 = 0$, 此时 $f(x, y)$ 成为 H2 型功能性反应函数. 由定理 4.1 及定理 4.2, 直接推出

推论 4.3 若系统 (4.4) 取值 $k_1 = k_2 = 0$, 则 $\lim\limits_{t \to \infty}(x(t), y(t), y_j(t)) = (K, 0, 0)$ 成立的充分必要条件是 $nbe^{-d_j\tau}K \leqslant d$ 为真.

推论 4.4 若系统 (4.4) 中 $k_1 = k_2 = 0$, 则其为永久持续生存的充分必要条件是 $nbe^{-d_j\tau}K > d$.

对于带有 Holling I-II 型功能性反应函数的阶段结构捕食食饵系统, Gourley 和 Kuang(2004) 的文献中定理 3.1 给出了其捕食者灭绝的充分必要条件, 该条件已经被上述推论 4.1、推论 4.3 包含. 进一步, 推论 4.2 表明阶段结构 H2 型和 BD 型系统具有相同的永久持续生存和捕食者灭绝的条件. 因此, 捕食者之间的干扰系数 k_2 并不影响系统 (4.4) 的永久持续生存、灭绝, 这一结论也推广了 Cantrell 和 Cosner(2001) 在文献中的相应结果.

为了证明以上主要结论, 我们需要一些预备结果, 运用类似文献 (Liu S 2002) 中引理 1 的证明方法, 可得

引理 4.1 假定 $y(\theta) \geqslant 0$ 在 $-\tau \leqslant \theta \leqslant 0$ 内连续, 且 $x(0), y(0), y_j(0) > 0$, 则系统 (4.4) 的解满足 $x(t), y(t), y_j(t) > 0$ 对一切 $t > 0$ 均成立.

引理 4.2 系统 (4.4) 中 $x(t), y(t)$ 的永久持续生存性质蕴含了 $y_j(t)$ 的永久持续生存.

证明 由于 $x(t), y(t)$ 有正的最终上、下界, 由 (4.6) 式得

$$0 < \lim\limits_{t \to \infty} y_j(t) \leqslant \overline{\lim\limits_{t \to \infty}} y_j(t) < \infty.$$

引理 4.1 得证.

引理 4.3 系统 (4.4) 总是在第一象限内是点扩散的.

证明 由系统 (4.4) 的第一个方程得, $\dot{x}(t) < rx(t)\left(1 - \dfrac{x(t)}{K}\right)$, 因而有

$$\overline{\lim\limits_{t \to \infty}} x(t) \leqslant K. \tag{4.12}$$

记 $W(t) = ne^{-d_j\tau}x(t) + y(t+\tau)$, 则有

$$\dot{W}(t)|_{(4.4)} = -dy(t+\tau) + ne^{-d_j\tau}rx(t)\left(1 - \frac{x(t)}{K}\right)$$

$$= -dW(t) + nde^{-d_j\tau}x(t) + ne^{-d_j\tau}rx(t)\left(1 - \frac{x(t)}{K}\right).$$

由 (4.12) 式可知, 存在正常数 B,T, 使得对一切 $t \geqslant T$, 均有 $\dot{W}(t)|_{(4.4)} \leqslant B - dW(t)$ 成立, 故有 $\overline{\lim\limits_{t\to\infty}} W(t) \leqslant B/d$, 即证得 $x(t), y(t)$ 最终有界. 利用 (4.6) 式, 易得 $y_j(t)$ 也最终有界, 引理 4.3 得证.

定理 4.1 的证明　　对于定理的充分性, 考虑如下两种情形:

情形 1　$\dfrac{nbe^{-d_j\tau}K}{1 + k_1 K} < d.$

由引理 4.3 得, 对于充分小的正常数 ε 且满足 $\dfrac{nbe^{-d_j\tau}(K+\varepsilon)}{1 + k_1(K+\varepsilon)} < d$, 存在 $T = T_\varepsilon > 0$, 使得 $x(t) < K + \varepsilon$ 对所有 $t > T$ 均成立. 将该不等式代入系统 (4.4) 中的第二个方程, 得到对一切 $t > T + \tau$, 均有

$$y'(t) < \frac{nbe^{-d_j\tau}(K+\varepsilon)y(t-\tau)}{1 + k_1(K+\varepsilon) + k_2 y(t-\tau)} - dy(t)$$

$$< \frac{nbe^{-d_j\tau}(K+\varepsilon)y(t-\tau)}{1 + k_1(K+\varepsilon)} - dy(t).$$

由 $\dfrac{nbe^{-d_j\tau}(K+\varepsilon)}{1 + k_1(K+\varepsilon)} < d$, 并运用 Liu 等 (2002) 在文献中的引理 2, 得到比较方程

$$u'(t) = \frac{nbe^{-d_j\tau}(K+\varepsilon)u(t-\tau)}{1 + k_1(K+\varepsilon)} - du(t)$$

中的解满足 $\lim\limits_{t\to\infty} u(t) = 0$, 由引理 4.6 即证得 $\lim\limits_{t\to\infty} y(t) = 0$.

因此, 利用系统 (4.4) 中的第三个方程及 Liu 等 (2002) 在文献中有类似的证明, 我们可证明 $\lim\limits_{t\to\infty} y(t) = 0$, 即推得 $\lim\limits_{t\to\infty} y_j(t) = 0$. 从而运用系统 (4.4) 中的第一个方程得 $\lim\limits_{t\to\infty} x(t) = K$, 完成了情形 1 下的证明.

情形 2　$\dfrac{nbe^{-d_j\tau}K}{1 + k_1 K} = d.$

由系统 (4.4) 中的第一个方程可知, $x(t)$ 在 $x(t)$ 大于 K 时总是关于 t 递减的. 因此可证, 若存在某个 $t_0 > 0$, 使得 $x(t_0) < K$, 则必有 $x(t) < K$ 对一切 $t > t_0$ 均成立. 否则, 必存在某个 $t_1 > t_0$, 使得 $x(t_1) = K$ 且 $x'(t_1) \geqslant 0$, 而代入第一个方程是不可能的. 因此, 必有如下两种可能情形:

(1) $x(t) > K$ 且当 $t \to \infty$ 时, $x(t) \to K$;

(2) 存在 $t_0 > 0$, 使得 $x(t_0) < K$.

对于第一种情形, 我们只需证明 $\lim\limits_{t\to\infty} y(t) = 0$, 因为这即可导出 $\lim\limits_{t\to\infty} y_j(t) = 0$. 在方程 (4.4) 中关于 $x(t)$ 两边积分得

$$
\begin{aligned}
x(t) - x(0) &= \int_0^t rx(s)\left(1 - \frac{x(s)}{K}\right)\mathrm{d}s - \int_0^t \frac{bx(s)y(s)}{1 + k_1 x(s) + k_2 y(s)}\mathrm{d}s \\
&< \int_0^t \underbrace{rx(s)\left(1 - \frac{x(s)}{K}\right)}_{x(s)\geqslant K}\mathrm{d}s - \int_0^t \frac{bKy(s)}{1 + k_1 K + k_2 y(s)}\mathrm{d}s,
\end{aligned}
$$

对一切 $t \geqslant t_0$, 于是

$$
\int_0^t \frac{bKy(s)}{1 + k_1 K + k_2 y(s)}\mathrm{d}s < x(0) - x(t) + \int_0^t \underbrace{rx(s)\left(1 - \frac{x(s)}{K}\right)}_{\leqslant 0}\mathrm{d}s < x(0).
$$

由 $y(t)$ 的有界性得, $\int_0^t y(s)\mathrm{d}s$ 对一切 $t \geqslant t_0$ 均有界, 这表明 $\lim\limits_{t\to\infty} y(t) = 0$.

对于第二种情形, 考虑函数

$$
V = y(t) + d\int_{t-\tau}^t y(s)\mathrm{d}s.
$$

从而对所有 $t \geqslant t_0 + \tau$, 均有

$$
\begin{aligned}
\left.\frac{\mathrm{d}V}{\mathrm{d}t}\right|_{(4.4)} &= \frac{nbe^{-d_j\tau}x(t-\tau)y(t-\tau)}{1 + k_1 x(t-\tau) + k_2 y(t-\tau)} - dy(t) + d(y(t) - y(t-\tau)) \\
&= y(t-\tau)\cdot\left(\underbrace{\frac{nbe^{-d_j\tau}x(t-\tau)}{1 + k_1 x(t-\tau) + k_2 y(t-\tau)}}_{x(t-\tau)<K} - d\right) \\
&< y(t-\tau)\cdot\left(\frac{nbe^{-d_j\tau}K}{1 + k_1 K + k_2 y(t-\tau)} - d\right) \\
&= -\frac{dk_2 y^2(t-\tau)}{1 + k_1 K + k_2 y(t-\tau)} < 0.
\end{aligned}
$$

由引理 4.6 证得 $\lim\limits_{t\to\infty} y(t) = 0$. 这就证明了 $\dfrac{nbe^{-d_j\tau}K}{1 + k_1 K} \leqslant d$ 是 $\lim\limits_{t\to\infty}(x(t), y(t), y_j(t)) = (K, 0, 0)$ 的充分条件.

下面我们证明 $\lim\limits_{t\to\infty}(x(t), y(t), y_j(t)) = (K, 0, 0) \Longrightarrow \dfrac{nbe^{-d_j\tau}K}{1 + k_1 K} \leqslant d$. 如果不然, 即 $\dfrac{nbe^{-d_j\tau}K}{1 + k_1 K} > d$, 则系统 (4.4) 必有正平衡点 (x^*, y^*, y_j^*), 与 $\lim\limits_{t\to\infty}(x(t), y(t), y_j(t)) =$

$(K, 0, 0)$ 对所有解 $(x(t), y(t), y_j(t))$ 均成立矛盾. 从而必有 $\dfrac{nbe^{-d_j\tau}K}{1 + k_1 K} \leqslant d$, 证得定理 4.1.

为证明定理 4.2, 我们将运用 Hale、Waltman 开创的适用于无穷维动力系统的一致持续生存定理 (Hale J K, Waltman P, 1989).

一致持续生存理论由 Butler 等 (1986) 在文献中开创, 其后分别在 Hale 与 Waltman(1989)、Thieme(1993)(针对自治半流)、Freedman 与 So(1989), 以及 Hofbauer 与 Hofbauer J, So J W H (1989)(针对连续映射) 的发展下得以建立了一般的一致持续生存理论. 一致持续生存理论有两种途径, 一种是 Morse 分解, 另一种是非循环覆盖, Hirsch(2001) 等在文献中证明这两种方法是等价的. 关于一致持续生存理论详细介绍及最近的发展, 请参考赵晓强教授的专著 (Zhao X Q, 2003).

考虑以 d 为距离的度量空间 X. T 为定义在 X 上的连续半流, 即 T 为如下连续映射 $T: [0, \infty) \times X \to X$, 且满足

$$T_t \circ T_s = T_{t+s}, \quad t, s \geqslant 0; \quad T_0(x) = x, \ x \in X,$$

其中, T_t 表示从 X 到 X 的映射, $T_t(x) = T(t, x)$. 距离 $d(x, Y)$(这里, $x \in X$, Y 为 X 子集) 定义为

$$d(x, y) = \inf_{y \in Y} d(x, y).$$

$\gamma^+(x)$ 为过点 x 的正半轨线, 定义为 $\gamma^+(x) = \cup_{t \geqslant 0}\{T(t)x\}$, ω 极限集 $\omega(x) = \cap_{\tau \geqslant 0} CL \cup_{t \geqslant \tau} \{T(t)x\}$. 这里, CL 表示闭包. 定义 $W^s(A)$ 为紧不变集 A 的稳定集合

$$W^s(A) = \{x: \ x \in X, \ \omega(x) \neq \phi \ \omega(x) \subset A\};$$

定义 $\widetilde{A_\partial}$ 为集合 A 边界的不变集合, 即

$$\widetilde{A_\partial} = \bigcup_{x \in A_\partial} \omega(x).$$

(H$_1$) 设 X 为开集 X^0 的闭包, ∂X^0 为 X^0 的非空边界集, 且 X 上的 C^0 半群 $T(t)$ 满足

$$T(t): \ X^0 \to X^0, \quad T(t): \ \partial X^0 \to \partial X^0.$$

引理 4.4 (Hale J K, Waltman P, 1989)　设 $T(t)$ 满足 (H$_1$) 及以下条件:

(i) *存在 $t_0 \geqslant 0$, 使得对一切 $t > t_0$, $T(t)$ 均为紧的;*

(ii) *$T(t)$ 在集合 X 上点扩散;*

(iii) $\widetilde{A_\partial}$ 为孤立集且有一个非循环覆盖 M,

则 $T(t)$ 为一直持续生存的当且仅当 $W^s(M_i) \bigcap X^0 = \varnothing$ 对任意 $M_i \in M$ 均成立.

定理 4.2 的证明 我们首先证明结论 1 对系统 (4.4) 的子系统 (4.7) 成立. 作为第一步, 我们证明域 $R_+^2 = \{(x,y): x \geqslant 0, y \geqslant 0\}$ 的边界对系统 (4.7) 的所有正解是一致排斥的.

记 $C^+([-\tau, 0], R_+^2)$ 为从 $[-\tau, 0]$ 到 R_+^2 的连续映射空间. 记

$$C_1 = \{(\varphi_0, \varphi_1) \in C^+([-\tau, 0], R_+^2): \varphi_0(\theta) \equiv 0, \varphi_1(\theta) > 0, \theta \in [-\tau, 0]\},$$

$$C_2 = \{(\varphi_0, \varphi_1) \in C^+([-\tau, 0], R_+^2): \varphi_0(\theta) > 0, \varphi_1(\theta) \equiv 0, \theta \in [-\tau, 0]\}.$$

令 $C = C_1 \bigcup C_2$, $X = C^+([-\tau, 0], R_+^2)$ 及 $X^0 = \mathrm{Int} C^+([-\tau, 0], R_+^2)$, 则 $C = \partial X^0$.

易知系统 (4.7) 在 $C = \partial X^0$ 上具有两个常数解: $\widetilde{E_0} \in C_1$, $\widetilde{E_1} \in C_2$, 其中

$$\widetilde{E_0} = \{(\varphi_0, \varphi_1) \in C^+([-\tau, 0], R_+^2): \varphi_0(\theta) \equiv \varphi_1(\theta) \equiv 0, \theta \in [-\tau, 0]\},$$

$$\widetilde{E_1} = \{(\varphi_0, \varphi_1) \in C^+([-\tau, 0], R_+^2): \varphi_0(\theta) \equiv K, \varphi_1(\theta) \equiv 0, \theta \in [-\tau, 0]\}.$$

下面证明引理 4.4 的条件均得到满足. 由 $X^0, \partial X^0$ 的定义易知引理 4.4 中条件 (i), (ii) 均满足, 由系统 (4.7) 易知 $X^0, \partial X^0$ 均为不变集合, 故条件 (H_1) 得到满足.

下面证明引理 4.4 的条件 (iii) 也得以满足. 我们有

$$\dot{x}(t)|_{(\varphi_0, \varphi_1) \in C_1} \equiv 0,$$

从而 $x(t)|_{(\varphi_0, \varphi_1) \in C_1} \equiv 0$ 对一切 $t \geqslant 0$ 均成立, 故

$$\dot{y}(t)|_{(\varphi_0, \varphi_1) \in C_1} = -dy(t) \leqslant 0.$$

由此可得, C_1 中的一切点均将最终趋于 $\widetilde{E_0}$, 即 $C_1 = W^s(\widetilde{E_0})$.

类似地, 我们可证 $C_2 = W^s(\widetilde{E_1})$. 从而 $\widetilde{A_\partial} = \widetilde{E_0} \bigcup \widetilde{E_1}$, 显然 $\widetilde{A_\partial}$ 是孤立的. 由于 $C_1 \bigcap C_2 = \varnothing$, 从而 $\widetilde{A_\partial}$ 是非循环的, 这样引理 4.4 的条件 (iii) 得以满足.

下面我们先证明 $W^s(\widetilde{E_i}) \bigcap X^0 = \varnothing$, $(i = 0, 1)$. 注意 $x(t), y(t) > 0$ 对任意 $t > 0$ 成立. 假定以上等式不成立, 即 $W^s(\widetilde{E_0}) \bigcap X^0 \neq \varnothing$, 亦即存在一个正解 $(x(t), y(t))$ 使得 $\lim\limits_{t \to \infty} (x(t), y(t)) = (0, 0)$, 则由系统 (4.7) 的第一个方程可得, 对于充分大的 t, 有

$$\frac{\mathrm{d}(\ln x(t))}{\mathrm{d}t} = r\left(1 - \frac{x(t)}{K}\right) - \frac{by(t)}{1 + k_1 x(t) + k_2 y(t)} > \frac{r}{2}.$$

从而 $\lim\limits_{t\to\infty} x(t) = +\infty$ 与 $\lim\limits_{t\to\infty} x(t) = 0$ 矛盾, 证得 $W^s(\widetilde{E_0}) \bigcap X^0 = \varnothing$.

我们再证明 $W^s(\widetilde{E_1}) \bigcap X^0 = \varnothing$, 如若不然, 即 $W^s(\widetilde{E_1}) \bigcap X^0 \neq \varnothing$, 则必存在系统 (4.7) 的某个正解 $(x(t), y(t))$, 使得 $\lim\limits_{t\to\infty}(x(t), y(t)) = (K, 0)$. 从而, 对于充分小的正常数 ε 满足

$$\varepsilon < \min\left\{\frac{nbe^{-d_j\tau}K - d - dKk_1}{2(nbe^{-d_j\tau} - dk_1 + dk_2)}, \frac{nbe^{-d_j\tau}K - d - dKk_1}{2k_2d}\right\},$$

且存在正常数 $T = T(\varepsilon)$, 使得

$$x(t) > K - \varepsilon > 0, \quad y(t) < \varepsilon, \quad t \geqslant T.$$

由系统 (4.7) 的第二个方程可得

$$y'(t) > \frac{nbe^{-d_j\tau}(K - \varepsilon)y(t - \tau)}{1 + k_1(K - \varepsilon) + k_2 y(t - \tau)} - dy(t), \quad t \geqslant T + \tau. \tag{4.13}$$

考虑单调系统

$$\begin{cases} v'(t) = \dfrac{nbe^{-d_j\tau}(K - \varepsilon)v(t - \tau)}{1 + k_1(K - \varepsilon) + k_2 v(t - \tau)} - dv(t), \quad t \geqslant T + \tau, \\ v(t) = y(t), \ t \in [T, T + \tau]. \end{cases} \tag{4.14}$$

由比较定理, 我们得 $y(t) \geqslant v(t)$, $t > T$. 另一方面, 由定理 (Kuang Y, 1993, 定理 4.9.1) 得, 对系统 (4.14) 的任意解, 均有 $\lim\limits_{t\to\infty} v(t) = v^*$, 其中 $v^* = nbe^{-d_j\tau}(K - \varepsilon) - d - dk_1(K - \varepsilon)/dk_2 > \varepsilon$ 为系统 (4.14) 的平衡点. 从而有 $\lim\limits_{t\to\infty} y(t) \geqslant v^* > \varepsilon$, 然而这与 $y(t) < \varepsilon$, $t \geqslant T$ 矛盾. 故得 $W^s(\widetilde{E_i}) \bigcap X^0 = \varnothing$, $i = 0, 1$.

从而系统 (4.7) 满足引理 4.4 的所有条件, 由引理 4.4 并注意到系统 (4.7) 的最终有界性, 得系统 (4.7) 是永久持续生存的. 从而由系统 (4.4) 的第三个方程, 不难证明 $y_j(t)$ 也是永久持续生存的, 证得系统 (4.4) 的永久持续生存性质.

最后证明系统 (4.4) 的永久持续生存, 推出条件 (4.9) 成立. 如若不然, 即 $\dfrac{nbe^{-d_j\tau}K}{1 + k_1K} \leqslant d$, 则由定理 4.1 可得, 当 $t \to \infty$ 时, 必有 $x(t) \to K$, $y(t) \to 0$, 这显然与系统 (4.4) 的永久持续生存性质矛盾. 从而以上假定不成立, 定理 4.2 得证.

4.1.5　全局吸引性

在本小节中, 我们证明系统 (4.7) 正平衡点的全局吸引和全局稳定性质, 有如下结果:

定理 4.3　*若系统 (4.7) 永久持续生存且满足条件*

$$k_2 > \max\left\{\frac{bK(nbe^{-d_j\tau} - k_1d)}{r[(nbe^{-d_j\tau} - dk_1)K - d]}, \frac{bK(nbe^{-d_j\tau} - k_1d)}{rd}, \frac{b}{r}\right\}, \tag{4.15}$$

则其正平衡点 E 是全局吸引的.

考虑如下单种群时滞方程:

$$v'(t) = \frac{a_1 v(t-\tau)}{1 + a_2 v(t-\tau)} - a_3 v(t), \ v(t) = \phi(t) \geqslant 0, \ v(0) > 0, \ t \in [-\tau, 0], \quad (4.16)$$

其中, $a_i > 0$, $i = 1, 2, 3$. 通过类似引理 4.6 的证明方法, 可得 $v(t) > 0$ 对一切 $t \geqslant 0$ 均成立. 由 Kuang(1993) 的文献中定理 4.9.1 可得如下引理:

引理 4.5　若不等式 $a_1 > a_3$ 成立, 则系统 (4.71) 的唯一正平衡点 $v^* = \dfrac{a_1 - a_3}{a_2 a_3}$ 是全局渐近稳定的.

定理 4.3 的证明　由第一个条件及定理 4.2, 可得条件 (4.9) 成立. 由 (4.7) 的第一个方程及引理 4.2 的证明过程可知, 对充分小的 $\varepsilon > 0$, 存在 $T_1 > 0$, 使得 $x(t) < K + \varepsilon = \overline{x_1}$, 对一切 $t \geqslant T_1$ 均成立. 将该不等式代入 (4.7), 有

$$y'(t) < \frac{nbe^{-d_j\tau}\overline{x_1}y(t-\tau)}{1 + k_1\overline{x_1} + k_2 y(t-\tau)} - dy(t), \quad t \geqslant T_1 + \tau.$$

考虑系统

$$\begin{cases} v'(t) = \dfrac{nbe^{-d_j\tau}\overline{x_1}v(t-\tau)}{1 + k_1\overline{x_1} + k_2 v(t-\tau)} - dv(t), \ t \geqslant T_1 + \tau, \\ v(t) \equiv y(t), \ t \in [T_1, T_1 + \tau]. \end{cases}$$

注意 $nbe^{-d_j\tau}\overline{x_1} - d(1 + k_1\overline{x_1}) > nbe^{-d_j\tau}K - d(1 + k_1 K) > 0$. 从而由引理 4.2, 有

$$\lim_{t\to\infty} v(t) = \frac{nbe^{-d_j\tau}\overline{x_1} - d(1 + k_1\overline{x_1})}{k_2 d} > 0.$$

运用比较定理得, $y(t) \leqslant v(t)$, $t \geqslant T_1 + \tau$. 因而对于充分小的 $\varepsilon > 0$, 存在 $T_2 > T_1 + \tau$, 使得

$$y(t) < \frac{nbe^{-d_j\tau}\overline{x_1} - d(1 + k_1\overline{x_1})}{k_2 d} + \varepsilon = \overline{y_1}, \quad t \geqslant T_2. \quad (4.17)$$

将 (4.17) 式代入 (4.7) 中的第一个方程, 则有

$$x'(t) > rx(t)\left(1 - \frac{x(t)}{K}\right) - \frac{bx(t)\overline{y_1}}{1 + k_2\overline{y_1}}, \quad t \geqslant T_2.$$

由 (4.15) 式可得, $r > \dfrac{b}{k_2} > \dfrac{b\overline{y_1}}{1 + k_2\overline{y_1}}$. 运用比较定理, 对于充分小的 $\varepsilon > 0$, 存在 $T_3 > T_2$, 使得

$$x(t) > z^* - \varepsilon = \underline{x_1} > 0, \quad t \geqslant T_3, \quad (4.18)$$

其中, $z^* = K \cdot \left[1 - \dfrac{b\overline{y_1}}{r(1 + k_2\overline{y_1})}\right] > 0$ 为方程

$$rx(t)\left(1 - \frac{x(t)}{K}\right) - \frac{bx(t)\overline{y_1}}{1 + k_2\overline{y_1}} = 0$$

的正解.

将 (4.18) 式代入 (4.7) 中的第二个方程, 则有

$$y'(t) > \frac{nbe^{-d_j\tau}\underline{x_1}y(t-\tau)}{1 + k_1\underline{x_1} + k_2 y(t-\tau)} - dy(t), \quad t \geqslant T_3 + \tau.$$

注意 (4.18) 式, 有

$$nbe^{-d_j\tau}\underline{x_1} - d(1 + k_1\underline{x_1}) = (nbe^{-d_j\tau} - dk_1) \cdot \left\{ K\left[1 - \frac{b\overline{y_1}}{r(1 + k_2\overline{y_1})} \right] - \varepsilon \right\} - d$$

$$> (nbe^{-d_j\tau} - dk_1) \cdot \left\{ K\left[1 - \frac{b}{rk_2} \right] - \varepsilon \right\} - d$$

$$= \frac{(nbe^{-d_j\tau} - dk_1)(K - \varepsilon) - d}{k_2}$$

$$\cdot \left\{ k_2 - \frac{bK(nbe^{-d_j\tau} - dk_1)}{r[(nbe^{-d_j\tau} - dk_1)(K - \varepsilon) - d]} \right\}.$$

由条件 (4.15), 可得

$$nbe^{-d_j\tau}\underline{x_1} - d(1 + k_1\underline{x_1}) > 0 \tag{4.19}$$

对所有充分小的 ε 均成立. 由引理 4.2 并运用类似于关于 $\overline{y_1}$ 的证明过程, 对于上述选定的 $\varepsilon > 0$, 存在 $T_4 > T_3 + \tau$, 使得

$$y(t) > \frac{nbe^{-d_j\tau}\underline{x_1} - d(1 + k_1\underline{x_1})}{k_2 d} - \varepsilon = \underline{y_1} > 0, \quad t \geqslant T_4. \tag{4.20}$$

因此, 有

$$\underline{x_1} < x(t) < \overline{x_1}, \quad \underline{y_1} < y(t) < \overline{y_1}, \quad t \geqslant T_4$$

对系统 (4.7) 成立.

将 (4.20) 式代入 (4.7) 中的第一个方程, 有

$$x'(t) < rx(t)\left(1 - \frac{x(t)}{K} \right) - \frac{bx(t)\underline{y_1}}{1 + k_2\underline{y_1}}, \quad t \geqslant T_4.$$

由 $r - \dfrac{b\underline{y_1}}{1 + k_2\underline{y_1}} > r - \dfrac{b\overline{y_1}}{1 + k_2\overline{y_1}} > 0$, 利用比较原理对充分小的 $\varepsilon > 0$, 必存在 $T_5 > T_4$, 使得

$$x(t) < z_1^* + \varepsilon = \overline{x_2} > 0, \quad t \geqslant T_5. \tag{4.21}$$

这里, $z_1^* = K \cdot \left[1 - \dfrac{b\underline{y_1}}{r(1 + k_2\underline{y_1})} \right] > 0.$ 由 $\overline{x_2}$ 的定义, 得

$$\overline{x_2} < K < \overline{x_1}.$$

将 (4.21) 式代入 (4.7) 中的第二个方程, 有

$$y'(t) < \frac{nbe^{-d_j\tau}\overline{x_2}y(t-\tau)}{1 + k_1\overline{x_2} + k_2 y(t-\tau)} - dy(t), \quad t \geqslant T_5 + \tau.$$

由 $\overline{x_2} > \underline{x_1}$ 并注意 (4.19) 得, $nbe^{-d_j\tau}\overline{x_2} - d(1 + k_1\overline{x_2}) > nbe^{-d_j\tau}\underline{x_1} - d(1 + k_1\underline{x_1}) > 0$. 类似上述证明过程, 对于充分小的 $\varepsilon > 0$, 必存在 $T_6 > T_5 + \tau$, 使得

$$y(t) < \frac{nbe^{-d_j\tau}\overline{x_2} - d(1 + k_1\overline{x_2})}{k_2 d} + \varepsilon = \overline{y_2}, \quad t \geqslant T_6. \tag{4.22}$$

由 (4.17) 和 (4.22) 有 $\overline{y_2} < \overline{y_1}$.

将 (4.22) 式代入 (4.7) 中的第一个方程, 有

$$x'(t) > rx(t)\left(1 - \frac{x(t)}{K}\right) - \frac{bx(t)\overline{y_2}}{1 + k_2\overline{y_2}}, \quad t \geqslant T_6.$$

由条件 (4.15) 知, $r > \dfrac{b}{k_2} > \dfrac{b\overline{y_1}}{1 + k_2\overline{y_1}} > \dfrac{b\overline{y_2}}{1 + k_2\overline{y_2}}$. 因而由比较原理, 对于充分小的 $\varepsilon > 0$, 必存在 $T_7 > T_6$, 使得

$$x(t) > z_2^* - \varepsilon = \underline{x_2} > 0, \quad t \geqslant T_7, \tag{4.23}$$

其中, $z_2^* = K \cdot \left[1 - \dfrac{b\overline{y_2}}{r(1 + k_2\overline{y_2})}\right] > 0$. 由 $\underline{x_2}$ 的定义, 得 $\underline{x_2} > \underline{x_1}$.

将 (4.23) 式代入 (4.7) 中的第二个方程, 从而运用类似关于项 $\overline{y_2}$ 中采用的证明方法, 可证得必存在 $T_8 > T_7 + \tau$, 使得

$$y(t) > \frac{nbe^{-d_j\tau}\underline{x_2} - d(1 + k_1\underline{x_2})}{k_2 d} - \varepsilon = \underline{y_2} > 0, \quad t \geqslant T_8, \tag{4.24}$$

且有 $\underline{y_2} > \underline{y_1}$.

由此得

$$0 < \underline{x_1} < \underline{x_2} < x(t) < \overline{x_2} < \overline{x_1}, \quad 0 < \underline{y_1} < \underline{y_2} < y(t) < \overline{y_2} < \overline{y_1}, \quad t \geqslant T_8. \tag{4.25}$$

反复采用以上步骤, 最终获得

$$\{\overline{x_n}\}_{n=1}^\infty, \quad \{\underline{x_n}\}_{n=1}^\infty, \quad \{\overline{y_n}\}_{n=1}^\infty, \quad \{\underline{y_n}\}_{n=1}^\infty,$$

且满足

$$\begin{aligned} 0 &< \underline{x_1} < \underline{x_2} < \cdots < \underline{x_n} < x(t) < \overline{x_n} < \cdots < \overline{x_2} < \overline{x_1}, \\ 0 &< \underline{y_1} < \underline{y_2} < \cdots < \underline{y_n} < y(t) < \overline{y_n} < \cdots < \overline{y_2} < \overline{y_1}, \quad t \geqslant T_{4n}. \end{aligned} \tag{4.26}$$

由序列不等式 (4.26) 可得, 序列 $\{\overline{x_n}\}_{n=1}^\infty$, $\{\underline{x_n}\}_{n=1}^\infty$, $\{\overline{y_n}\}_{n=1}^\infty$, $\{\underline{y_n}\}_{n=1}^\infty$ 关于 n 的极限存在.

令

$$\overline{x} = \lim_{n\to\infty}\overline{x_n}, \quad \overline{y} = \lim_{n\to\infty}\overline{y_n}, \quad \underline{x} = \lim_{n\to\infty}\underline{x_n}, \quad \underline{y} = \lim_{n\to\infty}\underline{y_n},$$

从而有 $\overline{x} \geqslant \underline{x}$, $\overline{y} \geqslant \underline{y}$. 至此, 只需证明 $\overline{x} = \underline{x}$, $\overline{y} = \underline{y}$ 即可证得定理.

由 $\overline{y_n}, \underline{y_m}$ 的定义, 有

$$\overline{y_n} = \frac{nbe^{-d_j\tau}\overline{x_n} - d(1 + k_1\overline{x_n})}{k_2 d} + \varepsilon, \quad \underline{y_m} = \frac{nbe^{-d_j\tau}\underline{x_m} - d(1 + k_1\underline{x_m})}{k_2 d} - \varepsilon,$$

从而, 可得

$$\overline{y_n} - \underline{y_m} = \frac{nbe^{-d_j\tau} - dk_1}{k_2 d} \cdot (\overline{x_n} - \underline{x_m}) + 2\varepsilon. \tag{4.27}$$

由 $\overline{x_n}$, $\underline{x_n}$ 的定义及 (4.27), 得

$$\begin{aligned}
\overline{x_n} - \underline{x_n} &= K \cdot \left[1 - \frac{b\underline{y_{n-1}}}{r(1 + k_2\underline{y_{n-1}})}\right] - K \cdot \left[1 - \frac{b\overline{y_n}}{r(1 + k_2\overline{y_n})}\right] + 2\varepsilon \\
&= \frac{bK}{r} \cdot \left[\frac{\overline{y_n} - \underline{y_{n-1}}}{(1 + k_2\underline{y_{n-1}})(1 + k_2\overline{y_n})}\right] + 2\varepsilon \\
&= \frac{bK}{r} \cdot \frac{[nbe^{-d_j\tau} - dk_1]/k_2 d \cdot (\overline{x_n} - \underline{x_{n-1}}) + 2\varepsilon}{(1 + k_2\underline{y_{n-1}})(1 + k_2\overline{y_n})} + 2\varepsilon \\
&< \frac{bK}{k_2 dr} \cdot [nbe^{-d_j\tau} - dk_1] \cdot (\overline{x_n} - \underline{x_{n-1}}) + 2\varepsilon(1 + \frac{bK}{r}). \tag{4.28}
\end{aligned}$$

令 $n \to \infty$, 则有

$$\overline{x} - \underline{x} \leqslant \frac{bK}{k_2 dr} \cdot [nbe^{-d_j\tau} - dk_1] \cdot (\overline{x} - \underline{x}) + 2\varepsilon\left(1 + \frac{bK}{r}\right),$$

于是

$$\left\{1 - \frac{bK}{k_2 dr} \cdot [nbe^{-d_j\tau} - dk_1]\right\}(\overline{x} - \underline{x}) \leqslant 2\varepsilon\left(1 + \frac{bK}{r}\right).$$

由条件 (4.15) 可得, $1 - \dfrac{bK}{k_2 dr} \cdot [nbe^{-d_j\tau} - dk_1] > 0$. 注意 ε 可以任意小, 因而我们得 $\overline{x} = \underline{x}$. 由 (4.27) 式且令 $n, m \to \infty$, 得 $\overline{y} = \underline{y}$. 这样就证得了定理 4.3.

4.1.6　稳定性转换

现在, 我们考虑系统 (4.7) 的特征方程, 可以将 (4.7) 写成

$$\underline{x}'(t) = \underline{F}(\underline{x}(t), \underline{x}(t - \tau)),$$

记

$$G = \left(\frac{\partial \underline{F}}{\partial \underline{x}(t)}\right)_{\underline{x}^*}, \quad H = \left(\frac{\partial \underline{F}}{\partial \underline{x}(t - \tau)}\right)_{\underline{x}^*},$$

则系统 (4.7) 在平衡点 $\underline{x}^*$ 处的特征方程为

$$\det(G + He^{-\lambda\tau} - \lambda I) = 0. \tag{4.29}$$

这里

$$G = \begin{pmatrix} r - 2\dfrac{r}{K}x - \dfrac{\partial g}{\partial x} & -\dfrac{\partial g}{\partial y} \\ 0 & -d \end{pmatrix}, \quad H = \begin{pmatrix} 0 & 0 \\ ne^{-d_j\tau}\dfrac{\partial g}{\partial x} & ne^{-d_j\tau}\dfrac{\partial g}{\partial y} \end{pmatrix},$$

其中

$$g(x,y) = \frac{bxy}{1 + k_1 x + k_2 y},$$

$$\frac{\partial g(x,y)}{\partial x} = \frac{by(1 + k_2 y)}{(1 + k_1 x + k_2 y)^2},$$

$$\frac{\partial g(x,y)}{\partial y} = \frac{bx(1 + k_1 x)}{(1 + k_1 x + k_2 y)^2}. \tag{4.30}$$

于是 (4.7) 在平衡点 (x^0, y^0) 处的特征方程为

$$\begin{vmatrix} r - 2\dfrac{r}{K}x^0 - g'_x(x^0, y^0) - \lambda & -g'_y(x^0, y^0) \\ ne^{-(\lambda+d_j)\tau}g'_x(x^0, y^0) & ne^{-(\lambda+d_j)\tau}g'_y(x^0, y^0) - d - \lambda \end{vmatrix} = 0. \tag{4.31}$$

在平衡点 $E_0 = (0,0)$ 处, 有 $g'_x(0,0) = g'_y(0,0) = 0$, 故特征方程 (4.31) 化为 $\begin{vmatrix} r - \lambda & 0 \\ 0 & -d - \lambda \end{vmatrix} = 0$, 显然 E_0 是一个不稳定的平衡点.

定理 4.4 平衡点 $E_1 = (K,0)$ 的稳定性质如下:

(i) 不稳定的, 若 $\dfrac{nbe^{-d_j\tau}K}{1 + k_1 K} > d$;

(ii) 线性中立型稳定的, 若 $\dfrac{nbe^{-d_j\tau}K}{1 + k_1 K} = d$;

(iii) 渐近稳定的, 若 $\dfrac{nbe^{-d_j\tau}K}{1 + k_1 K} < d$.

由定理 4.4 并运用类似定理 4.1 的证明方法, 我们可直接导出平衡点 $(K,0)$ 是全局渐近稳定的当且仅当条件 $\dfrac{nbe^{-d_j\tau}K}{1 + k_1 K} \leqslant d$ 成立. 由 (4.6) 容易证明系统 (4.7) 中, 平衡点 $(K,0)$ 的全局渐近稳定性质与系统 (4.4) 中平衡点 $(K,0,0)$ 的全局渐近稳定性质是等价的. 从而我们有如下推论:

推论 4.5 系统 (4.4) 中平衡点 $(K,0,0)$ 具有全局渐近稳定性质当且仅当条件 $\dfrac{nbe^{-d_j\tau}K}{1 + k_1 K} \leqslant d$ 成立.

定理 4.4 的证明 由方程 (4.31) 得, 系统 (4.7) 在平衡点 E_1 处的特征方程为

$$(\lambda + r)[ne^{-(\lambda+d_j\tau)}bg'_y(K,0) - d - \lambda] = 0. \tag{4.32}$$

一个特征根为 $\lambda = -r < 0$. 由 $g'_y(K,0) = \dfrac{K}{1 + k_1 K}$, 则其他特征根为方程

$$g(\lambda) = \lambda + d - \frac{nbK}{1 + k_1 K} \cdot e^{-d_j \tau} e^{-\lambda \tau} = 0$$

的根.

下面我们分几种情况考虑:

(i) 假定 $\dfrac{nbe^{-d_j \tau} K}{1 + k_1 K} > d$, 则 $g(0) = d - \dfrac{nbe^{-d_j \tau} K}{1 + k_1 K} < 0$, 且 $g(+\infty) = \infty$, 故 $g(\lambda)$ 至少有一个正根, 因此 E_1 不稳定.

(ii) 若 $\dfrac{nbe^{-d_j \tau} K}{1 + k_1 K} = d$, 则 $g(\lambda) = \lambda + d - de^{-\lambda \tau}$ 及 $\lambda = 0$ 为 $g(\lambda) = 0$ 的一个根. 进一步, 由于 $g'(\lambda) = 1 + \tau de^{-\lambda \tau}$, 故得 $g'(0) > 0$, 因此 $\lambda = 0$ 是单根. 所以如果存在其他的形如 $\lambda = \alpha + i\omega$ 的根, 则其必满足

$$(\alpha + d)^2 + \omega^2 = d^2 e^{-2\alpha \tau}.$$

故有 $\alpha \leqslant 0$, 即其实部非正. 从而平衡点 E_1 为线性中立型稳定的.

(iii) 现在, 假定 $\dfrac{nbe^{-d_j \tau} K}{1 + k_1 K} < d$, 即

$$d - \frac{nbK}{1 + k_1 K} \cdot e^{-d_j \tau} e^{-\lambda \tau} > 0,$$

则 $g(\lambda) = 0$ 表明

$$\lambda + d = \frac{nbK}{1 + k_1 K} \cdot e^{-d_j \tau} e^{-\lambda \tau}.$$

若特征根实部 $\mathrm{Re}(\lambda) \geqslant 0$, 则有

$$|\lambda + d| > d > \frac{nbK}{1 + k_1 K} \cdot e^{-d_j \tau} e^{-\lambda \tau}.$$

这表明 $g(\lambda) = 0$ 必具有负实部的特征根, 即 E_1 为渐近稳定的, 证得 (iii).

下面我们研究正平衡点 $E = (x^*, y^*)$ 在成熟期时滞 τ 增加时的稳定性转换现象. 我们采用如下记号:

$$g^* = g(x^*, y^*), \quad g'_{x^*} = g'_x(x^*, y^*), \quad g'_{y^*} = g'_y(x^*, y^*).$$

由 (4.31) 得在平衡点 E 处的特征方程为

$$D(\lambda, \tau) = P(\lambda, \tau) + Q(\lambda, \tau)e^{-\lambda \tau} = 0, \tag{4.33}$$

其中

$$\begin{cases} P(\lambda, \tau) = \lambda^2 + P_1(\tau)\lambda + P_0(\tau), \\ P_1(\tau) = d - R + g'_{x^*}, \\ P_0(\tau) = (-R + g'_{x^*})d, \end{cases} \tag{4.34}$$

$$\begin{cases} Q(\lambda, \tau) = \lambda Q_1(\tau) + Q_0(\tau), \\ Q_1(\tau) = -ne^{-d_j\tau}g'_{y*}, \\ Q_0(\tau) = Rne^{-d_j\tau}g'_{y*}, \end{cases} \tag{4.35}$$

其中, $R = r - 2\dfrac{r}{K}x^*$.

注意, 方程 (4.33) 必须在正平衡点存在的区间 $I = [0, \tau^*)$ 内考虑.

首先, 证明对任意 $\tau \in I$, $\lambda = 0$ 不是 (4.97) 的根, 即

$$P(0, \tau) + Q(0, \tau) \neq 0.$$

注意

$$P(0, \tau) + Q(0, \tau) = P_0(\tau) + Q_0(\tau) = (-R + g'_{x*})d + Rne^{-d_j\tau}g'_{y*},$$

且

$$g'_y = \frac{g}{y}\left(1 - \frac{k_2}{b}\frac{g}{x}\right), \qquad g'_x = \frac{g}{x}\left(1 - \frac{k_1}{b}\frac{g}{y}\right),$$

$$R = \frac{g^*}{x^*} - \frac{r}{K}x^*, \qquad ne^{-d_j\tau}\frac{g^*}{y^*} = d,$$

有

$$P(0, \tau) + Q(0, \tau) = -Rd + dg'_{x*} + Rne^{-d_j\tau}\frac{g^*}{y^*}\left(1 - \frac{k_2}{b}\frac{g^*}{x^*}\right)$$

$$= dg'_{x*} - Rd\frac{k_2}{b}\frac{g^*}{x^*}$$

$$= d\left(\frac{g^*}{x^*}\left(1 - \frac{k_1}{b}\frac{g^*}{y^*}\right) - \frac{k_2}{b}\frac{g^*}{x^*}\left(\frac{g^*}{x^*} - \frac{r}{K}x^*\right)\right)$$

$$= d\frac{g^*}{x^*}\left(1 - \left(\frac{k_1}{b}\frac{g^*}{y^*} + \frac{k_2}{b}\frac{g^*}{x^*}\right) + \frac{k_2}{b}\frac{r}{K}g^*\right),$$

由 $\dfrac{1}{b}\left(\dfrac{k_1}{y^*} + \dfrac{k_2}{x^*}\right)g^* = \dfrac{k_1x^* + k_2y^*}{1 + k_1x^* + k_2y^*}$, 从而对任何 $\tau \in I = [0, \tau^*)$, 均有

$$P(0, \tau) + Q(0, \tau) > 0.$$

特征方程 (4.33) 在 $\tau = 0$ 时退化为

$$P(\lambda, 0) + Q(\lambda, 0) = 0,$$

即

$$\lambda^2 + (P_1(0) + Q_1(0))\lambda + P_0(0) + Q_0(0) = 0. \tag{4.36}$$

由于对一切 $\tau \in [0, \tau^*)$, 均有 $P_0(\tau) + Q_0(\tau) > 0$, 故得 $P_0(0) + Q_0(0) > 0$.

我们给出关于 $P_1(0) + Q_1(0)$ 的结构. 由 (4.34) 式、(4.35) 式得

$$P_1(0) + Q_1(0) = d - R + g'_{x*} - ng'_{y*},$$

其中, 在正平衡点 (及在 $\tau = 0$) 处, 有

$$R = \frac{g^*}{x^*} - \frac{r}{K}x^*, \quad n\frac{g^*}{y^*} = d.$$

因此

$$
\begin{aligned}
P_1(0) + Q_1(0) &= d - \frac{g^*}{x^*} + \frac{r}{K}x^* + \frac{g^*}{x^*} - \frac{k_1}{b}\frac{(g^*)^2}{x^*y^*} - n\frac{g^*}{y^*}\left(1 - \frac{k_2}{b}\frac{g^*}{x^*}\right) \\
&= d - \frac{g^*}{x^*} + \frac{r}{K}x^* + \frac{g^*}{x^*} - \frac{k_1}{b}\frac{(g^*)^2}{x^*y^*} - d + d\frac{k_2}{b}\frac{g^*}{x^*} \\
&= \frac{r}{K}x^* + \frac{d}{b}\frac{g^*}{x^*}\left(k_2 - k_1\frac{1}{d}\frac{g^*}{y^*}\right) \\
&= \frac{r}{K}x^* + \frac{d}{b}\frac{g^*}{x^*}\left(k_2 - \frac{k_1}{n}\right).
\end{aligned}
$$

从而, (4.36) 的根决定了正平衡点在 $\tau = 0$ 时的稳定性. 在区间 $I = [0, \tau^*)$ 内增加时滞 τ 所导致的稳定性转换现象只有在一对根 $\lambda = \pm\mathrm{i}\omega(\tau)$(其中, $\omega(\tau)$ 为正实数) 穿过纯虚轴时才发生.

为了确定导致稳定性转换产生的时滞值, 我们进行分析如下 (Beretta E, Kuang Y, 2002):

设 (4.33) 式中 $\lambda = \pm\mathrm{i}\omega(\tau), \omega(\tau) > 0$, 有

$$
\begin{cases}
P(\mathrm{i}\omega, \tau) = -\omega^2 + \mathrm{i}\omega P_1(\tau) + P_0(\tau), \\
P_R(\mathrm{i}\omega, \tau) = P_0(\tau) - \omega^2, \quad P_I(\mathrm{i}\omega, \tau) = \omega P_1(\tau),
\end{cases} \tag{4.37}
$$

$$
\begin{cases}
Q(\mathrm{i}\omega, \tau) = \mathrm{i}\omega Q_1(\tau) + Q_0(\tau), \\
Q_R(\mathrm{i}\omega, \tau) = Q_0(\tau), \quad Q_I(\mathrm{i}\omega, \tau) = \omega Q_1(\tau).
\end{cases} \tag{4.38}
$$

首先, 找到在区间 $I = [0, \tau^*)$ 中满足下式的正根 $\omega(\tau) > 0$:

$$F(\omega, \tau) = |P(\mathrm{i}\omega, \tau)|^2 - |Q(\mathrm{i}\omega, \tau)|^2 = 0. \tag{4.39}$$

由

$$
\begin{aligned}
F(\omega, \tau) &= (P_0(\tau) - \omega^2)^2 + \omega^2 P_1(\tau)^2 - [Q_0^2(\tau) + \omega^2 Q_1^2(\tau)] \\
&= P_0^2(\tau) + \omega^4 - 2P_0(\tau)\omega^2 + \omega^2 P_1^2(\tau) - Q_0^2(\tau) - \omega^2 Q_1^2(\tau) \\
&= \omega^4 + \omega^2(-2P_0(\tau) + P_1^2(\tau) - Q_1^2(\tau)) + P_0^2(\tau) - Q_0^2(\tau),
\end{aligned}
$$

得

$$
\begin{cases}
F(\omega, \tau) = \omega^4 + b(\tau)\omega^2 + c(\tau) = 0, \\
b(\tau) = -2P_0(\tau) + P_1^2(\tau) - Q_1^2(\tau), \\
c(\tau) = P_0^2(\tau) - Q_0^2(\tau).
\end{cases} \tag{4.40}
$$

方程 (4.40) 或无正实根, 或具有如下形式的两个根:

$$\omega_+(\tau) = \left[\frac{1}{2}\left\{-b(\tau) + \sqrt{b(\tau)^2 - 4c(\tau)}\right\}\right]^{1/2}, \quad \tau \in I_+ \subseteq I,$$

$$\omega_-(\tau) = \left[\frac{1}{2}\left\{-b(\tau) - \sqrt{b(\tau)^2 - 4c(\tau)}\right\}\right]^{1/2}, \quad \tau \in I_- \subseteq I$$

取决于 $b(\tau)$, $c(\tau)$ 的符号. 请注意若系统 (4.40) 在区间 I 内无正实根 $\omega(\tau)$, 则稳定性转换现象不会发生.

注释 4.3 由特征方程 (4.33) 得, 当 $\tau = 0$ 时, 即系统不含阶段结构时, 正平衡点 E 渐近稳定的充要条件是

$$P_1(0) + Q_1(0) > 0,$$

而若 $P_1(0) + Q_1(0) < 0$, 则正平衡点是不稳定的.

当然, 由 $P_1(0) + Q_1(0)$ 的结构, 正平衡点 E 在 $\tau = 0$ 是渐近稳定的充分条件是 k_2 充分大以确保

$$k_2 - \frac{k_1}{n} > 0.$$

在区间 $I = [0, \tau^*)$ 内由增加 τ 导致的稳定性转换现象只会在 $\lambda = \pm \mathrm{i}\omega(\tau)$ 穿过纯虚轴时才发生.

下面, 证明若 k_2 充分大, 则 E 是渐近稳定的. 我们有

定理 4.5 若系统 (4.7) 是永久持续生存的, 且满足

$$k_2 > \max\left\{\frac{k_1}{n},\ 2 \cdot \frac{bK(nbe^{-d_j\tau} - dk_1)}{r\left[bnKe^{-d_j\tau} - d(1 + k_1K)\right]}\right\}, \tag{4.41}$$

则其正平衡点 E 是渐近稳定的.

定义 $M_{k_2}^K$, $M_{k_2}^n$, 使得

$$M_{k_2}^K = \sup_{K>0}\left\{\frac{nbe^{-d_j\tau}K}{1+k_1K} > d + \delta_0 \ \middle|\ \frac{k_1}{n},\ 2 \cdot \frac{bK(nbe^{-d_j\tau} - dk_1)}{r\left[bnKe^{-d_j\tau} - d(1 + k_1K)\right]}\right\},$$

$$M_{k_2}^n = \sup_{n>0}\left\{\frac{nbe^{-d_j\tau}K}{1+k_1K} > d + \delta_0 \ \middle|\ \frac{k_1}{n},\ 2 \cdot \frac{bK(nbe^{-d_j\tau} - dk_1)}{r\left[bnKe^{-d_j\tau} - d(1 + k_1K)\right]}\right\},$$

其中, δ_0 为正常数. 于是 $0 < M_{k_2}^K, M_{k_2}^n < \infty$. 由定理 4.2 及定理 4.5, 得

推论 4.6 若 $k_2 > M_{k_2}^K$, $\dfrac{nbe^{-d_j\tau}K}{1+k_1K} > d + \delta_0$, 则对一切 $K > 0$, 系统 (4.7) 中正平衡点 E 均为渐近稳定.

推论 4.7　若 $k_2 > M_{k_2}^n$, $\dfrac{nbe^{-d_j\tau}K}{1+k_1K} > d+\delta_0$, 则对一切 $n > 0$, 系统 (4.7) 中正平衡点 E 均为渐近稳定.

定理 4.5 的证明　只需证明: ① E 在 $\tau = 0$ 时是稳定的; ② E 在 τ 从 $\tau = 0$ 增加时不发生稳定性转换现象. 注意, $P_0(0) + Q_0(0) > 0$ 及

$$P_1(0) + Q_1(0) = \frac{r}{K}x^* + \frac{d}{b}\frac{g^*}{x^*}\left(k_2 - \frac{k_1}{n}\right) > \frac{r}{K}x^* > 0,$$

从而 (4.36) 的根的实部必为负, 证得 E 在 $\tau = 0$ 时是稳定的. τ 在区间 $I = [0, \tau^*)$ 内从 $\tau = 0$ 增加时不会发生稳定性转换现象. 只需证明方程 (4.40) 在区间 I 内没有正实根 $\omega(\tau)$.

由 (4.10), (4.34), (4.35) 及 (4.40) 有

$$b(\tau) = -2(-R + g'_{x^*})d + (d - R + g'_{x^*})^2 - (-ne^{-d_j\tau}g'_{y^*})^2,$$

$$c(\tau) = (-R + g'_{x^*})^2 d^2 - (Rne^{-d_j\tau}g'_{y^*})^2, \tag{4.42}$$

$$R = r - 2\frac{r}{K}x^* = \frac{g^*}{x^*} - \frac{r}{K}x^*.$$

由定理 4.2 及系统 (4.7) 的永久持续生存性质, 得 (4.9) 成立, 从而再由 (4.41) 可得

$$k_2 > 2 \cdot \frac{nbe^{-d_j\tau} - dk_1}{nre^{-d_j\tau}}. \tag{4.43}$$

利用 (4.10), (4.30), 并注意 $x^* < K$ 及 (4.10) 中的 B 在条件 (4.43) 下为负, 因此有

$$x^* > \frac{1}{2}(-B + |B|) = -B = K \cdot \left(1 - \frac{nbe^{-d_j\tau} - dk_1}{nrk_2 e^{-d_j\tau}}\right) > \frac{K}{2} > 0, \tag{4.44}$$

$$0 < y^* < \frac{K(nbe^{-d_j\tau} - dk_1) - d}{dk_2}, \tag{4.45}$$

$$0 < g* = \frac{dy^*}{ne^{-d_j\tau}} < \frac{K(nbe^{-d_j\tau} - dk_1) - d}{nk_2 e^{-d_j\tau}}, \tag{4.46}$$

$$0 < g'_{y^*} = \frac{bx^*(1 + k_1x^*)}{(1 + k_1x^* + k_2y^*)^2} = \frac{d^2(1 + k_1x^*)}{bn^2 e^{-2d_j\tau}x^*} < \frac{d^2(1 + k_1K)}{bn^2 e^{-2d_j\tau}} \cdot \frac{1}{x^*}$$

$$< \frac{\dfrac{d^2(1 + k_1K)}{bn^2 K e^{-2d_j\tau}}}{1 - \dfrac{nbe^{-d_j\tau} - dk_1}{nrk_2 e^{-d_j\tau}}}, \tag{4.47}$$

$$R = r - 2\frac{r}{K}x^* < -r + \frac{2(nbe^{-d_j\tau} - dk_1)}{nk_2e^{-d_j\tau}} < 0. \tag{4.48}$$

因而, 由 (4.42) 得

$$
\left\{
\begin{aligned}
b(\tau) &= d^2 + R^2 + (g'_{x*})^2 - 2Rg'_{x*} - (ne^{-d_j\tau}g'_{y*})^2 \\
&> R^2 + d^2 - (ne^{-d_j\tau}g'_{y*})^2 \\
&= R^2 + (d - ne^{-d_j\tau}g'_{y*})(d + ne^{-d_j\tau}g'_{y*}), \\
c(\tau) &= [d(-R + g'_{x*}) + Rne^{-d_j\tau}g'_{y*}] \cdot [d(-R + g'_{x*}) - Rne^{-d_j\tau}g'_{y*}] \\
&= [dg'_{x*} - R(d - ne^{-d_j\tau}g'_{y*})] \cdot [d(-R + g'_{x*}) - Rne^{-d_j\tau}g'_{y*}].
\end{aligned}
\right. \tag{4.49}
$$

由 (4.47) 得

$$
\begin{aligned}
d - ne^{-d_j\tau}g'_{y*} &> d - \frac{d^2(1+k_1K)}{bnKe^{-d_j\tau}} \bigg/ \left(1 - \frac{nbe^{-d_j\tau} - dk_1}{nrk_2e^{-d_j\tau}}\right) \\
&= d \cdot \left[1 - \frac{nbe^{-d_j\tau} - dk_1}{nrk_2e^{-d_j\tau}} - \frac{d(1+k_1K)}{bnKe^{-d_j\tau}}\right] \bigg/ \left(1 - \frac{nbe^{-d_j\tau} - dk_1}{nrk_2e^{-d_j\tau}}\right) \\
&= d \cdot \left[\frac{bnKe^{-d_j\tau} - d(1+k_1K)}{bnKe^{-d_j\tau}} - \frac{nbe^{-d_j\tau} - dk_1}{nrk_2e^{-d_j\tau}}\right] \bigg/ \left(1 - \frac{nbe^{-d_j\tau} - dk_1}{nrk_2e^{-d_j\tau}}\right) \\
&= d \cdot \frac{\dfrac{bnKe^{-d_j\tau} - d(1+k_1K)}{bnk_2Ke^{-d_j\tau}}}{1 - \dfrac{nbe^{-d_j\tau} - dk_1}{nrk_2e^{-d_j\tau}}} \cdot \left(k_2 - \frac{bK(nbe^{-d_j\tau} - dk_1)}{r\left[bnKe^{-d_j\tau} - d(1+k_1K)\right]}\right) > 0.
\end{aligned}
$$

从而有 $b(\tau)$, $c(\tau) > 0$. 故对一切 $\tau \in I = [0, \tau^*)$, 均有 $F(\omega, \tau) \neq 0$, 也即在区间 $\tau \in I = [0, \tau^*)$ 内没有稳定性转换现象发生. 定理 4.5 得证.

下面我们要求导致稳定性转换现象发生的 τ 的临界值, 为此我们需要对 (4.40) 的每个根 $\omega(\tau)$ 定义角 $\theta(\tau) \in (0, 2\pi)$ 为如下方程对一切 $\tau \in I_\omega$ 及 $I_\omega \subseteq I$ 的解:

$$
\left\{
\begin{aligned}
\sin\theta(\tau) &= \frac{-(P_0(\tau) - \omega^2(\tau))\omega(\tau)Q_1(\tau) + \omega(\tau)P_1(\tau)Q_0(\tau)}{\omega^2(\tau)Q_1^2(\tau) + Q_0^2(\tau)}, \\
\cos\theta(\tau) &= -\frac{(P_0(\tau) - \omega^2(\tau))Q_0(\tau) + \omega^2(\tau)P_1(\tau)Q_1(\tau)}{\omega^2(\tau)Q_1^2(\tau) + Q_0^2(\tau)}.
\end{aligned}
\right. \tag{4.50}
$$

这里, I_ω 为 I 中使得 (4.40) 式中的正根 $\omega(\tau)$ 有定义的子集 (即 I_ω 是 I_+ 或 I_-).

最后, 需要我们对 (4.40) 的每个根 $\omega(\tau)$ 定义如下在 I_ω 上连续、可微的函数: $I_\omega \mapsto \mathbf{R}$

$$S_n(\tau) := \tau - \frac{\theta(\tau) + n^2\pi}{\omega(\tau)}, \quad n \in \mathbf{N}_0. \tag{4.51}$$

由 Beretta 和 Kuang(2002) 的文献可知如下定理成立:

定理 4.6　若对某个 $n \in \mathbf{N}_0$, $S_n(\tau^*) = 0$, 则特征方程 (4.33) 在区间 $\tau^* \in I_\omega$ 上有一对单的纯虚根 $\lambda = \pm i\omega(\tau^*)$, 这里 $\omega(\tau^*)$ 为正常数.

当 $\omega(\tau^*) = \omega_+(\tau^*)$ 时, 若 $\delta_+(\tau^*) > 0$, 则这对纯虚根自左向右横穿纯虚轴 (当 τ 增加时); 而若 $\delta_+(\tau^*) < 0$, 则这对纯虚根自右向左横穿纯虚轴, 这里

$$\delta_+(\tau^*) = \mathrm{sign}\left\{ \frac{\mathrm{d}\,\mathrm{Re}\lambda}{\mathrm{d}\tau}\big|_{\lambda=i\omega_+(\tau^*)} \right\} = \mathrm{sign}\left\{ \frac{\mathrm{d}S_n(\tau)}{\mathrm{d}\tau}\bigg|_{\tau=\tau^*} \right\}. \tag{4.52}$$

当 $\omega(\tau^*) = \omega_-(\tau^*)$ 时, 若 $\delta_-(\tau^*) > 0$, 则这对纯虚根自左向右横穿纯虚轴; 而若 $\delta_-(\tau^*) < 0$, 则这对纯虚根自右向左横穿纯虚轴, 这里

$$\delta_-(\tau^*) = \mathrm{sign}\left\{ \frac{\mathrm{d}\,\mathrm{Re}\lambda}{\mathrm{d}\tau}\big|_{\lambda=i\omega_-(\tau^*)} \right\} = -\mathrm{sign}\left\{ \frac{\mathrm{d}S_n(\tau)}{\mathrm{d}\tau}\bigg|_{\tau=\tau^*} \right\}. \tag{4.53}$$

下面我们列出一些数值模拟结果. 图 4.1.1 表明系统 (4.4) 的解在不同捕食者成熟期 τ 时的不同动力形态. 该图显示, 当 $\tau = 0.8$ 时正平衡点 E 是稳定的, 当 $\tau = 6$ 时变成周期的振动; 当增加 τ 到 $\tau = 10$ 时, 可以看到尽管 E 仍是周期振动的, 但是 $x(t), y(t)$ 的振幅相比 $\tau = 6$ 时已经变窄了, 表明 E 在 $\tau = 10$ 时相比 $\tau = 6$ 时要更 "接近于" 稳定; 当 τ 增加到 14 时, E 又稳定了. 事实上, 以上数值结果已经被定理 4.6 所包含. 对于图 4.1.1 中参数, 该定理表明正平衡点 E 在 τ 处于 0 到 $\tau_{0_1}^+ = 1.28$ 之间为渐近稳定的, 而当 τ 增加到位于区间 $(\tau_{0_1}^+ = 1.28, \tau_{0_2}^+ = 11.83)$ 时出现不稳定的振动, 而当 τ 进一步增加到 $\tau > \tau_{0_2}^+ = 11.83$ 时, 该平衡点回归稳定状态.

图 4.1.2 反映了正平衡点 E 在 τ 从 0.8 增加到 15 时的稳定性变化. 图 4.1.2 中每个纵向条分别对应着 $x(t), y(t)$ 在 $t \in [2000 * \tau, 5000 * \tau]$ 时变化的范围, 该范围可视为 $x(t), y(t)$ 在对应参数下的最终振动区间. 从图 4.1.2 来看, 当 $\tau \in (0.2, 1)$ 或者 $\tau > 12$ 时, $x(t), y(t)$ 垂直的振幅退化成一个点的宽度, 表明此时正平衡点 E 是渐近稳定的; 而当 τ 位于区间 $(0.8, 6)$ 时, $x(t), y(t)$ 垂直的振幅将随着 τ 的增加而增加, 表明此时 E 将随着时滞 τ 的增加而越来越 "不稳定"; 然而, 当 τ 位于区间 $(0.8, 6)$ 内逐渐增长时, 该振幅将变得越来越 "窄" 直到最终在 $\tau > 11.83$ 时该振动区间退化成一点, 这表明此时 E 将随着时滞 τ 的增加而越来越 "稳定".

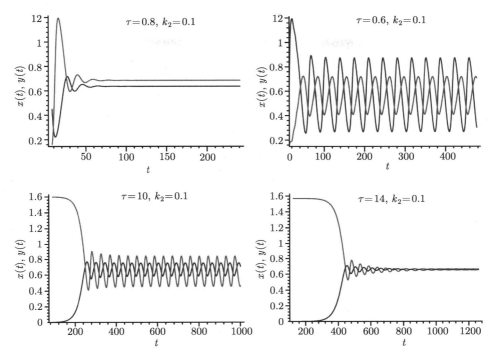

图 4.1.1 系统 (4.4) 在如下参数值时的解:$r = n = k_1 = 1$, $K = 1.6$, $b = 1.5$, $d = 0.5$, $k_2 = 0.1$, $d_j = 0.01$, $x(\theta) \equiv 0.7$, $y(\theta) \equiv 0.2$, $\theta \in [-\tau, 0]$

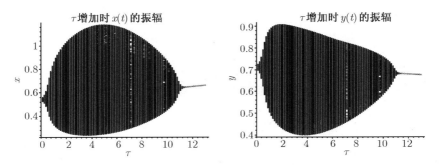

图 4.1.2 系统 (4.4) 解在捕食者成熟期 τ 增加时的最终振幅变化, 其中 $r = n = k_1 = 1$, $K = 1.6$, $b = 1.5$, $k_2 = 0.1$, $d = 0.5$, $d_j = 0.01$, $x(\theta) \equiv 0.7$, $y(\theta) \equiv 0.2$, $\theta \in [-\tau, 0]$

考虑与图 4.1.1、图 4.1.2 相关的情形, 我们有

定理 4.7 系统 (4.62) 中, 我们选取如下参数:

$$r = n = k_1 = 1, \quad K = 1.6, \quad b = 1.5, \quad d = 0.5, \quad k_2 = 0.1, \quad d_j = 0.01, \qquad (4.54)$$

则系统 (4.62) 的正平衡点 E 在 $\tau = 0$ 时为渐近稳定的, 而且在当 τ 增加到 $\tau_{0_1}^{+} =$

1.28 前保持稳定, 其后形成 Hopf 分支导致平衡点处产生振动, 在 τ 增加到大约 $\tau_{0_2}^+ = 11.83$ 时产生后向分支, 即该平衡点大约在 $\tau_{0_2}^+ > 11.83$ 时变成渐近稳定的.

证明　在 $\tau = 0$ 时, (4.36) 式的根为 $\lambda = -0.0676 \pm i0.4581$, 从而正平衡点 E 为渐近稳定的. 方程 (4.40) 在区间 $I_+ = [0, 12.58]$ 内只有正根 $\omega_+(\tau)$. 因此, 由前面的算法, 函数 (4.51) 中只有序列 $S_n^+(\tau)$, $\tau \in I_+$, $n \in \mathbf{N}_0$(其中, 对任意 $n \in \mathbf{N}_0$, 均有 $S_n(\tau) > S_{n+1}(\tau)$). 由特征方程算法 (4.33), 在图 4.1.3 中, 画出了在 $\omega_+(\tau)$ 存在区间内的曲线 S_0^+, S_1^+, S_2^+. 曲线 $S_0^+(\tau)$ 表明, 对于 (4.54) 式中给定的参数, 函数 $S_0^+(\tau)$ 在 I_+ 中有两个零点: $\tau_{0_1} = 1.28$ 及 $\tau_{0_2}^+ = 11.83$.

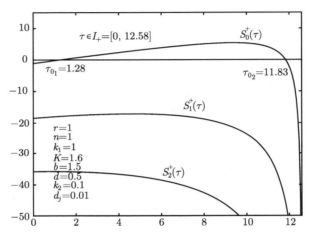

图 4.1.3　根据式 (4.54) 中的参数所得到的 $\omega_+(\tau)$ 存在区间 (即 $\tau \in I_+ = [0, 12.58]$) 的曲线 S_0^+, S_1^+, S_2^+. 只有 S_0^+ 有两个零点 $T_{0_1} = 1.28$ 与 $T_{0_2}^+ = 11.83$

利用定理 4.6, 由于在 τ_{0_1} 处曲线 S_0^+ 的斜率为正, 从而当 $\tau > \tau_{0_1}$ 时, (4.33) 的两个纯虚根 $\lambda = \pm i\,\omega_+(\tau_{0_1})$ 穿过虚轴进入右半复平面, 从而形成两个实部为正的复根.

因此, 对于特征方程 (4.33), 有

(a) 若 $\tau \in [0, \tau_{0_1})$, 则其他所有根的实部均为负;

(b) 当 $\tau = \tau_{0_1}$ 时, 一对纯虚根 $\pm i\omega_+(\tau_{0_1})$, $\omega_+(\tau_{0_1}) > 0$ 穿过虚轴, 而其他所有根实部为负;

(c) 若 $\tau > \tau_{0_1}$ ($\tau < \tau_{0_2}$), 则有两个具有严格正实部的根;

(d) 由 (b) 得, 所有根 λ ($\neq \pm i\,\omega_+(\tau_1)$) 均满足条件 $\lambda \neq i\,m\omega_+(\tau_1)$, 其中若 $\tau = \tau_{0_1}$ 时, m 为整数.

因此, 当 $\tau = \tau_{0_1}$ 时, Hopf 分支产生 (Hale J K, 1993). 当 $\tau > \tau_{0_2}$ 时, 有两个具有正实部的复根从而导致系统产生振动. 由于在 τ_{0_2} 点处, 曲线 S_0^+ 斜率为负, 从而

(4.33) 的两个纯虚根 $\lambda = \pm i\omega_+(\tau_{0_2})$ 穿过虚轴进入左半复平面, 从而形成两个实部为负的复根. 类似于 τ_{0_1}, τ_{0_2} 得到关于渐近稳定的另一个 Hopf 分支.

综上所述, 在区间 $[0, \tau_{0_1})$ 内, 有正平衡点 E 为渐近稳定的, 在区间 (τ_{0_1}, τ_{0_2}) 内将产生持续的振动, 而在区间 (τ_{0_2}, τ^*) 内又将回到渐近稳定, 其中在 τ_{0_1} 和 τ_{0_2} 处分别产生了朝向振动及朝向渐近稳定的 Hopf 分支现象.

注释 4.4 我们观察到定理 4.7 的结果与图 4.1.1 及图 4.1.2 中所展示的数值模拟结果是一致的.

为了进一步分析特征方程 (4.33), 有必要提及序列 S_n, $n \in \mathbf{N}_0$(4.51), 因为 $S_n(\tau) > S_{n+1}(\tau)$, $\forall n \in \mathbf{N}$ 且 $\tau \in I_\omega$, 因此稳定性的转换现象发生 (即 Hopf 分支) 仅当 S_0 取零值. 下面, 我们将研究捕食者干扰率 k_2 对正平衡点 E 稳定性的影响.

定理 4.8 在系统 (4.7) 中, 我们选取下列参数:

$$r = n = k_1 = 1, \quad K = 2.6, \quad b = 1.5, \quad d = 0.5, \quad d_j = 0.01, \tag{4.55}$$

且分别取 $k_2 = 0.2$, 0.4, 0.6, 0.8. 在分别取 $k_2 = 0.2$, 0.4, 0.6 时, 相应增加时滞 τ, 可使得正平衡点 E 将产生从渐近稳定到不稳定再到渐近稳定的稳定性转换, 而在 $k_2 = 0.8$ 时, 对任何时滞 τ, 正平衡点 E 均为渐近稳定的. 增加 k_2 值使得导致不稳定 E 的相应时滞参数区间变得越来越窄, 直到当 $k_2 \geqslant 0.8$ 时该区间消失.

证明 由 (4.55) 式中的参数值得, 当 $\tau = 0$ 时, 对于每个 k_2, 使得正平衡点 E 均为渐近稳定. 由特征方程 (4.33), 图 4.1.4 描绘了对 k_2 取值增加到 $k_2 = 0.7$ 时曲线 S_0^+ 与 τ 关系变化图. 这些曲线 S_0^+ 对应着 (4.40) 式的正根 $\omega_+(\tau)$. 当 $k_2 > 0.7$ 时, (4.40) 式没有根. 因此, 当 $k_2 > 0.7$ 时, 系统不会发生稳定性转换, 即在 $k_2 > 0.7$ 时正平衡点 E 对所有使得正平衡点存在的 $\tau \geqslant 0$ 区间均保持渐近稳定.

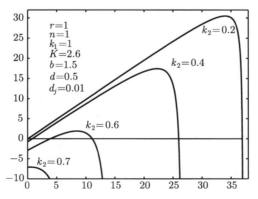

图 4.1.4 曲线 S_0^+ 是在 (4.55) 式中所取得参数及在 k_2 分别取值 $0.2, 0.4, 0.6, 0.7$ 情况下取得的

考虑图 4.1.4 中的曲线 S_0^+, 根据定理 4.6 可知, 对每个 $k_2 = 0.2$, 0.4 及 0.6, 分别可得两次稳定性转换, 第一次转向不稳定 (因为由 (4.52) 式, 在第一个 $S_{0*}{}^+$ 的零点, S_0^+ 的斜率为正) 而第二次则转向渐近稳定 (因为由 (4.52) 式, 在第一个 $S_{0*}{}^+$ 的零点, S_0^+ 的斜率为负), 在导致这两次转换的时滞值 (Hopf 分支值) 之间存在一个使得系统出现振动的区间. 图 4.1.4 表明导致正平衡点 E 不稳定的时滞区间的宽度随着 k_2 的增加而相应减少. 在 $k_2 = 0.7$ 时, 曲线 S_0^+ 对所有 $\tau \geqslant 0$ 已经没有零点了, 表明此时没有稳定性转换现象发生, 即 E 在使得正平衡点存在的 $\tau \geqslant 0$ 区间内均保持渐近稳定.

图 4.1.5 取值同定理 4.8 中的 (4.55) 式, 成熟期时滞取定 $\tau = 6$, 表明 $x(t), y(t)$ 在 k_2 逐渐增加情形下的动力形态. 在 $k_2 = 0.2, 0.6$ 时, 得到振动现象, 这是由于 $\tau = 6$ 落在曲线 S_0^+ 的不稳定区域, 而当 $k_2 = 0.8$ 时, S_0^+ 总是负的, 表明 E 为渐近稳定的.

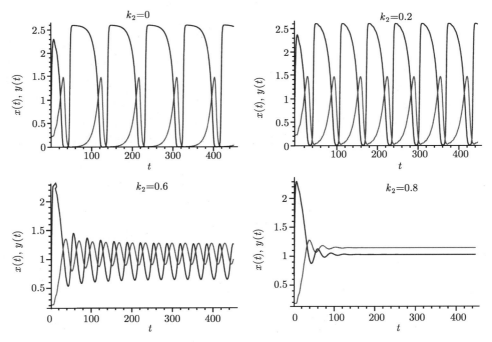

图 4.1.5　系统 (4.4) 在不同的捕食者干扰率 k_2 下的解, 这里 $r = n = k_1 = 1$, $K = 2.6$, $b = 1.5$, $d = 0.5$, $\tau = 6$, $d_j = 0.01$, $x(\theta) \equiv 0.7$, $y(\theta) \equiv 0.2$, $\theta \in [-\tau, 0]$

对于 (4.55) 式的参数值, 在图 4.1.6 中, 通过研究曲线 $S_0^+(\tau)$ 在 k_2 增加时零点的变化, 可看到捕食者的干扰系数 k_2 对正平衡点 E 稳定性的影响. 以 k_2 取值 k_2^* 为例, 此时 $S_0^+(\tau)$ 有两个重合的零点 (即此时导致不稳定性的时滞区域消失了), 表

明当 $k_2 \geqslant k_2^*$ 时, 正平衡点 E 不会出现稳定性转换, 从而 E 在区间 $I = [0, \tau^*)$ 内保持渐近稳定.

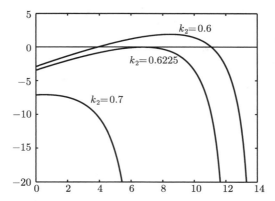

图 4.1.6 函数 $S_0^+(\tau) - \tau$ 在不同的 k_2 值下的零点. 图像表明 $k_2^* = 0.6225$
为 k_2 的临界值, 使得当 $k_2 \geqslant k_2^*$ 时, 正平衡点 E 对一切 $\tau \in [0, \tau^*)$
保持渐近稳定. 其他参数与 (4.55) 式中参数同

图 4.1.6 为当 $k_2^* = 0.6225$ 而其他参数值同 (4.55) 式时数值模拟结果. 对 (4.55) 式中取值的参数, 当我们固定成熟期时滞 $\tau = 6$ 时, 得到图 4.1.7. 该图反映了正平衡点 E 在参数 k_2 从 0 增长到 0.9 时稳定性变化情况. 从图 4.1.7 中, 我们不难看出, 若 $k_2 \in (0, 0.64)$, 则 $x(t)$, $y(t)$ 存在垂直振动区间, 即 E 是不稳定的. 然而当 k_2 在该区间内逐渐增加时, 该垂直振动区间将变得越来越集中, 即振幅越来越小直到最后; 当 $k_2 > 0.64$ 时, $x(t), y(t)$ 振动区间退化成一点, 表明此时 E 为渐近稳定的. 这个结果也印证了图 4.1.6 的模拟结果.

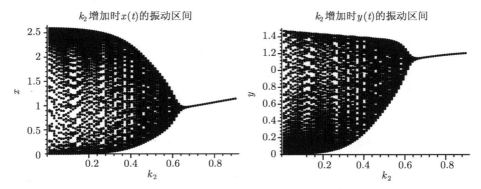

图 4.1.7 随着捕食者干扰系数 k_2 增加时, 系统 (4.4) 的解的
最终振动区间. 这里 $r = n = k_1 = 1$, $K = 2.6$, $b = 1.5$, $d = 0.5$, $\tau = 6$,
$d_j = 0.01$, $x(\theta) \equiv 0.7$, $y(\theta) \equiv 0.2$, $\theta \in [-\tau, 0]$

在最后情形中, 我们考虑图 4.1.8. 该图表明, 如果给定充分大的 k_2, 则系统 (4.4) 中的捕食者和食饵对任意大的 K 均会保持稳定共存, 这一结果与 H2 型捕食-食饵模型中出现的著名的 "资源丰富悖论" 截然不同.

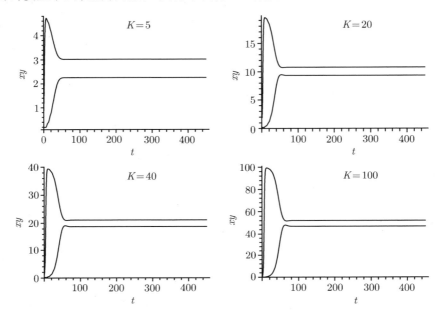

图 4.1.8   在不同环境容纳量 K 下, 系统 (4.4) 的解. 这里
$r = n = k_1 = 1,\ b = 1.5,\ d = 0.5,\ k_2 = 2, \tau = 6,$
$d_j = 0.01,\ x(\theta) \equiv 0.7,\ y(\theta) \equiv 0.2,\ \theta \in [-\tau, 0]$

图 4.1.8 中的参数为

$$r = n = k_1 = 1,\ b = 1.5,\ d = 0.5,\ k_2 = 2,\ d_j = 0.01, \tag{4.56}$$

且令 K 分别取值为 5, 20, 40, 100.

对其中每一个 K, 我们易知在 $\tau = 0$ 时, (4.36) 式的根实部为负, 也即 $\tau = 0$ 时正平衡点为渐近稳定的.

进一步, 方程 (4.40) 在正平衡点的存在区间 $I = [0, \tau^*)$ 内对每一个上述的容纳量 K 值无解. 因此, 对上述每一个 K 值, 在正平衡点的存在区间内系统均不会产生稳定性转换现象, 与图 4.1.8 中的数值模拟结果一致.

图 4.1.8 显示了一些很有意思的结果: 给定足够大的 k_2, 则系统 (4.4) 中的捕食者和食饵将对任意大的环境容纳量 K 保持稳定. 我们可以发现图 4.1.8 中的 k_2 并不满足条件 (4.41), 这表明定理 4.5 还有改进的空间.

4.1.7 本节讨论

在本节中, 我们研究了具有 Beddington-DeAngelis 型功能性反应的阶段结构捕食–食饵系统 (4.4), 该模型不但推广了 Cantrell 和 Cosner(2001), Hwang(2003) 在文献中所研究的常微分方程模型, 也推广了 Gourley 和 Kuang(2004) 在文献中所研究的 H2 型功能性反应的阶段结构捕食–食饵系统.

在本节内容中, 我们分别给出了关于系统 (4.4) 永久持续生存和灭绝的充分必要条件. 结论显示捕食者与食饵永久持续生存的充分必要条件是 (4.9) 式成立, 也即捕食者在食饵资源最丰富时的补充率要大于其死亡率; 而捕食者灭绝当且仅当条件 $\dfrac{nbe^{-d_j\tau}K}{1+k_1K} \leqslant d$ 成立, 即在食饵资源最丰富时捕食者的补充率尚不超过其损耗率 (死亡率). 以上这些结果推广了 Cantrell 和 Cosner (2001) 的文献中的相应结果而且改进了 Gourley 和 Kuang Y(2004) 的文献中的对应结果. 与 Cantrell 和 Cosner (2001) 的文献中对应的关于常微分方程 Beddington-DeAngelis 型模型 (4.2) 的定理 3.1 相比, 在永久持续生存、灭绝结论的条件中存在额外的一项 $e^{-d_j\tau}$, 即每个幼年捕食者在达到成年前经历其幼年期的存活率, 存在这一项显然是由于阶段结构引入的原因. 我们可得 $d_j\tau$ 对捕食者持续生存的负面影响: 不管 $\dfrac{nbK}{1+k_1K}$ 有多大, 只要适当增长 $d_j\tau$(在 Liu 等 (2002) 的文献中, Liu 等定义这一项为 "阶段结构度"), 即可直接破坏条件 (4.9) 的成立, 从而导致捕食者的灭绝.

在另一方面, 即使保持条件 (4.9) 成立, 适当增长 $d_j\tau$ 也可导致捕食者由于环境随机干扰的因素而灭绝. 此时 y^* 将随着 $d_j\tau$ 的增加而变小, 直到当 $\dfrac{nbe^{-d_j\tau}K}{1+k_1K} = d$ 时 $y^* = 0$, 因此当 $d_j\tau$ 的增长使得 y^* 很小时, 将使捕食者很容易由于随机干扰、Allee 效应等原因灭绝.

从而, 捕食者过高的幼年死亡率 d_j 或者过长的成熟期 τ 都可能成为捕食者灭绝的原因. 这些结论类似于以往一些具有阶段结构 H1 型 (Ou L, Luo G, Jiang Y, et al., 2003)、H2 型 (Gourley S A, Kuang Y, 2004)、捕食–食饵模型及阶段结构的竞争系统模型 (Liu S 等, 2002; Liu S, Kouche M, Tatar N, 2005; Al-Omari, Gourley, 2003; Wang, 2001).

我们同时也发现由于捕食者成熟期时滞 τ 的增长而导致的正平衡点 E 的稳定性转换: 当 τ 增加时, 可以看到系统将出现振动的行为, 而继续增加 τ 将使得这些振动行为回归稳定的状态, 表明大的时滞也可能起到稳定的作用.

本节中有意思的结果来自于捕食者干扰率 k_2 的影响. 首先, 我们得到 BD 模型 (4.4) 的永久持续生存和灭绝结论所对应的条件竟然均独立于 k_2. 这表明, 若忽略随机干扰的因素, k_2 既不会影响系统的永久持续生存也不会改变捕食者的灭绝. 不过, 如果考虑环境随机干扰的因素, 那么就会像 Cantrell 和 Cosner(2001) 在文献中对不含阶段结构的 BD 模型 (4.4) 所指出来的, 由于当 $k_2 \to \infty$ 时, 我们将得到 $y^* \to 0$. 也就是说, k_2 的增长将减小 y^*, 从而很可能导致捕食者由于其密度处于较低水平而因环境的随机干扰或 Allee 效应等原因走向灭绝.

其次, k_2 可以对系统 (4.4) 的动力行为起到稳定的作用.

(1) 当 E 不稳定时, 令 k_2 逐渐增加可以减小系统解振动的振幅区间, 这表明 BD 模型中正平衡点比相应的 $k_2 = 0$ 的 H2 模型来说要 "更" 稳定.

(2) 令 k_2 足够大, 即可使得系统中正平衡点 E 从不稳定变成全局渐近稳定的.

最后, 充分大的 k_2 将维持系统在两种情况下的稳定性: 食饵的环境容纳量 K 不断增长或者成年捕食者生育率 n 的增长. 我们知道, 在 H2 模型中, Hsu 等 (1978) 中的引理 4.5 证明了环境容纳量 K 及捕食者生育率 n 均可使系统正平衡点失稳, 从而导致周期解的产生. 类似的结果在 Kuang(1990) 的文献中也得到证实. Hsu 等 (1978) 在文献中甚至证明增加 K 将导致 E 变得 "越来越" 不稳定, 也即系统周期解的振幅会越来越大. 然而, 在本节中我们得到了关于 BD 模型的完全不同的结果: 推论 4.6(或推论 4.7) 表明充分大的 k_2 将保证正平衡点 E 在任何大的 K(或 n) 下保持稳定.

4.2　具有多时滞的阶段结构捕食–食饵系统研究

在本节中, 我们研究同时具有阶段结构时滞和代际时滞的Beddington-DeAngelis型捕食者–食饵模型.

4.2.1　引言

在数学种群动力模型中, 运用时滞描述种群过去状态对现状的影响已经被广泛地应用到生物模型中, 诸如关于资源的代际时滞、成熟期时滞、反应时滞等, 关于这方面的研究, 我们主要参考 Kuang(1993) 的文献及 Ruan(2009) 的综述文献. 在 4.1 节我们研究了具有阶段结构也即具有成熟期时滞的捕食–食饵模型. 在本节中, 我们将同时考虑捕食者的代际时滞 (regeneration delay) 对该种群系统的影响. 关于代际时滞 (也记为妊娠时滞), 最早可见于 20 世纪 40 年代, Hutchinson(1948) 在文献中, 将妊娠期时滞引入 Logistic 方程中, 从而提出了如下方程:

$$x'(t) = rx(t)\left(1 - \frac{x(t-\tau)}{K}\right), \tag{4.57}$$

其中, $\tau > 0$ 为妊娠期时滞.

Caperon(1969) 研究了一类微生物培养的恒化器模型, 通过实验数据, 他发现在营养液浓度变化和相应所培养的微生物浓度变化规律之间存在时滞. 在 Caperon 研究的数据基础上, Bush 和 Cook(1976) 在文献中将代际时滞 τ_1 引入 4.1 节的 BD 模型 (4.2) 中, 从而得到

$$
\begin{cases}
x'(t) = rx(t)\left(1 - \dfrac{x(t)}{K}\right) - \dfrac{bx(t)y(t)}{1 + k_1 x(t) + k_2 y(t)}, \\
y'(t) = y(t)\left[-d + \dfrac{nbx(t-\tau_1)}{1 + k_1 x(t-\tau_1) + k_2 y(t-\tau_1)}\right].
\end{cases}
\tag{4.58}
$$

最近, Ryan 等 (2007) 在文献中研究了非洲水牛 (African buffalo) 年度实时变化数据与其资源变化之间的相互关系. 通过研究连续 8 年的相应数据, 他发现非洲水牛生育率变化函数与前一年的资源量变化最为相关. 考虑非洲水牛的平均妊娠期为 11 个月, 这个发现揭示了在资源 (食饵) 变化到相应的非洲水牛 (捕食者) 变化量之间, 存在一段长度大约等同妊娠阶段的滞后期.

Caperon (1969) 的研究结果表明, 代际时滞是捕食–食饵系统中的重要生态要素, 那么这一滞后因素在捕食–食饵系统中将对其动力行为产生什么影响呢? 在上一节中, 我们将捕食者的成熟期时滞引入模型 (4.2) 中, 得到阶段结构的 BD 模型 (4.59), 成功地研究了捕食者的阶段结构对该系统的影响. 不过, 我们在模型 (4.59) 中, 显然忽略了捕食者的代际滞后因素, 由 Caperon (1969) 的文献知, 这是不符合生物学意义. 因此, 我们在阶段结构的 BD 模型 (4.59) 中引入捕食者的代际时滞 τ_1, 并采用系统 (4.59) 中相同的记号, 从而得到了如下同时具有成熟期时滞和代际时滞的 BD 模型:

$$
\begin{cases}
x'(t) = rx(t)\left(1 - \dfrac{x(t)}{K}\right) - \dfrac{bx(t)y(t)}{1 + k_1 x(t) + k_2 y(t)}, \\
y'(t) = \dfrac{nbe^{-d_j\tau}x(t-\tau-\tau_1)y(t-\tau)}{1 + k_1 x(t-\tau-\tau_1) + k_2 y(t-\tau-\tau_1)} - dy(t), \\
y'_j(t) = \dfrac{nbx(t-\tau_1)y(t)}{1 + k_1 x(t-\tau_1) + k_2 y(t-\tau_1)} - \dfrac{nbe^{-d_j\tau}x(t-\tau-\tau_1)y(t-\tau)}{1 + k_1 x(t-\tau-\tau_1) + k_2 y(t-\tau-\tau_1)} - d_j y_j(t), \\
x(\theta),\ y(\theta) \geqslant 0,\ -\tau-\tau_1 \leqslant \theta \leqslant 0,\ x(0), y(0), y_j(0) > 0,
\end{cases}
\tag{4.59}
$$

其中, τ, τ_1 分别为捕食者的成熟期和妊娠期时滞. 为了保证系统 (4.59) 解的连续性, 我们要求

$$
y_j(0) = b \int_{-\tau}^{0} \frac{e^{d_j s}x(s-\tau_1)y(s)}{1 + k_1 x(s-\tau_1) + k_2 y(s-\tau_1)}\, ds.
\tag{4.60}
$$

由系统 (4.59) 的第三个方程、初值条件 (4.60) 及 Liu 等 (2002) 的文献中引理 3.1 的证明方法, 得

$$y_j(t) = b \int_{-\tau}^{0} \frac{e^{d_j s} x(t+s-\tau_1) y(t+s)}{1 + k_1 x(t+s-\tau_1) + k_2 y(t+s-\tau_1)} ds, \tag{4.61}$$

即 $y_j(t)$ 完全依赖于 $x(t), y(t)$. 从而, 可以从系统 (4.59) 分离出如下子系统:

$$\begin{cases} x'(t) = rx(t)\left(1 - \dfrac{x(t)}{K}\right) - \dfrac{bx(t)y(t)}{1 + k_1 x(t) + k_2 y(t)}, \\ y'(t) = \dfrac{nbe^{-d_j \tau} x(t-\tau-\tau_1) y(t-\tau)}{1 + k_1 x(t-\tau-\tau_1) + k_2 y(t-\tau-\tau_1)} - dy(t), \\ x(\theta), \ y(\theta) \geqslant 0, -\tau - \tau_1 \leqslant \theta \leqslant 0, \ x(0), y(0) > 0. \end{cases} \tag{4.62}$$

在本节中, 我们将研究系统 (4.59) 并讨论时滞 τ_1 对系统 (4.4) 动力行为的影响. 此前, 关于多个时滞的模型得到了许多研究, 代表性的如 Li 等 (2006), Li 和 Kuang (2007), Ruan 和 Wei (2003) 的文献. 与这些研究不同的是, 本节中, 我们考虑的含时滞的两项分别为 $t - \tau - \tau_1$ 和 $t - \tau$, 即这两项具有相关性, 并不同于上述文献中相互独立的时滞项. 我们将采用与上述文献较为不同的方法来研究系统的动力行为, 其中系统的渐近行为的获得方法具有较大的非平凡性, 主要是克服了妊娠时滞引入带来的一系列问题, 事实上, 我们首先获得了一个具有两个时滞的单方程渐近行为技巧, 这个结果本身就具有很大的意义. 其次, 我们将这个结果应用到系统 (4.59) 中, 从而获得了系统中捕食者灭绝、系统永久持续生存和全局吸引的充分条件.

本节的构造如下, 在 4.2.2 节中, 我们考虑系统 (4.59) 的平衡点, 并得到其正平衡点存在的条件; 在 4.2.3 节中, 我们获得关于带有两个时滞单方程的渐近行为的基础结果; 在 4.2.4 节中, 我们获得了系统 (4.59) 的捕食者灭绝和系统永久持续生存的充分条件; 在这基础上, 进一步在 4.2.5 节得到了系统正平衡点全局渐近稳定的充分条件; 为了充分说明两个滞后因素对系统动力行为的影响, 在 4.2.6 节中进行了详细、多方面的数值模拟; 最后讨论了本节的结果.

4.2.2　平衡点

由于方程 (4.61), 我们只需研究系统 (4.62) 的平衡点 (x, y), 即求解如下方程的非负解:

$$\begin{cases} rx\left(1 - \dfrac{x}{K}\right) - \dfrac{bxy}{1 + k_1 x + k_2 y} = 0, \\ \dfrac{nbe^{-d_j \tau} xy}{1 + k_1 x + k_2 y} - dy = 0. \end{cases} \tag{4.63}$$

易知系统 (4.62) 至少具有平衡点 $E_0 = (0, 0)$, $E_1 = (K, 0)$. 此外, 当且仅当系统 (4.62) 满足如下条件时具有正平衡点 $E = (x^*, y^*)$:

$$\frac{nbe^{-d_j \tau} K}{1 + k_1 K} > d. \tag{4.64}$$

这里

$$x^* = \frac{1}{2}\left(-B + \sqrt{B^2 + 4C}\right), \quad y^* = \frac{x^*(nbe^{-d_j\tau} - dk_1) - d}{dk_2}, \tag{4.65}$$

其中

$$B = \frac{K}{r}\left(\frac{nbe^{-d_j\tau} - dk_1}{ne^{-d_j\tau}k_2} - r\right), \quad C = \frac{Kd}{rne^{-d_j\tau}k_2}.$$

因此, 当捕食者的成熟期时滞 τ 在区间 $I = [0, \tau^*)$ 范围内时, 正平衡点 E 存在, 这里

$$\tau^* = \frac{1}{d_j}\log\frac{Knb}{d(1 + Kk_1)}.$$

显然, 区间 I 内逐渐增加 τ 将导致 y^* 相应减小并最终在 τ 逼近 τ^* 时导致 E 趋向边界平衡点 E_1, 若继续增加 τ, 则系统将没有正平衡点.

另一方面来说, 参数 k_2 的改变不影响正平衡点 E 的存在性, 因为条件 (4.64) 中不含 k_2. 不过, (4.65) 式表明逐渐增加 k_2 将导致 y^* 相应地减小, 并导致当 k_2 趋于无限大时正平衡点 E 趋向于边界平衡点 E_1.

4.2.3 准备结果

本节中我们研究具有两个时滞的单个方程如下:

$$\begin{cases} \dot{v}(t) = \dfrac{a_1 v(t - \tau)}{1 + a_2 v(t - \tau - \tau_1)} - a_3 v(t), \\ v(\theta) = \varphi(\theta) \geqslant 0, \quad -(\tau + \tau_1) \leqslant \theta \leqslant 0, \ v(0) > 0, \end{cases} \tag{4.66}$$

其中, $a_i, \tau, \tau_1 > 0$, $i = 1, 2, 3$.

对于系统 (4.66), 由 Liu 等 (2002) 的文献中引理 1, 可得

引理 4.6 若 $v(\theta) \geqslant 0$ 并在区间 $-\tau - \tau_1 \leqslant \theta \leqslant 0$ 内连续, 且 $v(0) > 0$, 则对一切 $t > 0$, 系统 (4.66) 的解均满足 $v(t) > 0$.

记 $v^* = (a_1/a_3 - 1)/a_2$,

(H_1) $a_1 > a_3$;

(H_2) $\tau_1 < \dfrac{a_3}{a_1^2}$.

引理 4.7 若系统 (4.66) 满足条件 (H_1), (H_2), 则对系统 (4.66) 的解 $v(t)$, 有

$$\widehat{M} = \lim_{t\to\infty} \sup v(t) \leqslant \frac{a_1 v^*}{a_3 - a_1^2 \tau_1}.$$

证明 我们考虑如下两种情形:

情形 (i) $v(t)$ 是最终单调的;

我们证明该情形下 $\lim_{t\to\infty} v(t) = v^*$.

对系统 (4.66) 中 $\varphi(\theta)$, 存在 $T = T(\varphi(\theta)) > 0$, 使得

$$\dot{v}(t) \neq 0, \quad \forall\, t > T.$$

若 $\dot{v}(t) < 0,\ \forall\ t > T$, 注意 $v(t) > 0, t \geqslant 0$, 从而极限 $\underline{v} = \lim_{t \to \infty} v(t)$ 存在, 且 $\underline{v} \geqslant 0$.

下面证明 $\underline{v} = v^*$, 如若不然, 假定有 $\underline{v} < v^*$, 则必存在 $0 < \varepsilon < (v^* - \underline{v})/2$ 及某个 $T = T(\varepsilon)$, 使得 $v(t) < \underline{v} + \varepsilon < v^*,\ t > T$. 由系统 (4.66) 得

$$\dot{v}(t) > \frac{a_1 v(t-\tau)}{1 + a_2(\underline{v} + \varepsilon)} - a_3 v(t), \quad t > T + \tau + \tau_1.$$

注意 $\dfrac{a_1}{1 + a_2(\underline{v} + \varepsilon)} > a_3$, 由比较定理, 得 $\underline{v} = +\infty$, 与 $\underline{v} < v^*$ 矛盾, 从而必有 $\underline{v} \geqslant v^*$.

进一步, 假定 $\underline{v} > v^*$, 则必存在 $0 < \varepsilon < (\underline{v} - v^*)/2$ 及 $T = T(\varepsilon)$, 使得 $v(t) > \underline{v} - \varepsilon > v^*,\ t > T$. 由系统 (4.66) 得

$$\dot{v}(t) < \frac{a_1 v(t-\tau)}{1 + a_2(\underline{v} - \varepsilon)} - a_3 v(t), \quad t > T + \tau + \tau_1.$$

注意 $\dfrac{a_1}{1 + a_2(\underline{v} - \varepsilon)} < a_3$, 故由比较定理, 得 $\underline{v} \leqslant \lim_{t \to \infty} \sup v(t) = 0$, 同样得到矛盾, 证得 $\underline{v} = v^*$.

此外, 若 $\dot{v}(t) > 0,\ \forall\ t > T$, 我们先证得 $\underline{v} \neq \infty$. 由系统 (4.66) 得

$$\dot{v}(t) < v(t) \cdot \left[\frac{a_1}{1 + a_2 v(t - \tau - \tau_1)} - a_3 \right], \quad t > T + \tau + \tau_1.$$

若 $v(t) \to \infty$ 且单调趋近于该极限, 则对充分大的 $t > T + \tau + \tau_1$, 均有 $\dot{v}(t) < 0$, 因而 $\underline{v}$ 存在且满足 $0 < \underline{v} < \infty$. 因此得 $\lim_{t \to \infty} \dot{v}(t) = 0$, 即

$$0 = \lim_{t \to \infty} \dot{v}(t) = \lim_{t \to \infty} \left[\frac{a_1 v(t-\tau)}{1 + a_2 v(t - \tau - \tau_1)} - a_3 v(t) \right] = \frac{a_1 \underline{v}}{1 + a_2 \underline{v}} - a_3 \underline{v},$$

得 $\underline{v} = v^*$.

情形 (ii)　$v(t)$ 非最终单调.

反证法, 如若不然, 即 $\widehat{M} > \dfrac{a_1 v^*}{a_3 - a_1^2 \tau_1}$, 我们考虑如下两种情形:

情形 A　$\widehat{M} < +\infty$.

若 $\widehat{M} < +\infty$, 则对每一个充分小的常数 $\varepsilon > 0$, 存在 $T = T(\varepsilon) > \tau + \tau_1$, 使得 $v(t) < \widehat{M} + \varepsilon$, 对任意 $t > T$ 均成立. 另一方面, 对于该常数 T 及 ε, 存在关于 $v(t)$ 的最大值点 $t_i > T + \tau + \tau_1$, 使得 $v(t_i) > \widehat{M} - \varepsilon > v^*$. 注意 $\dot{v}(t_i) = 0, \ddot{v}(t_i) < 0$, 从而得

$$0 = \dot{v}(t_i) = \frac{a_1 v(t_i - \tau)}{1 + a_2 v(t_i - \tau - \tau_1)} - a_3 v(t_i),$$

因此

$$v(t_i - \tau - \tau_1) = \frac{\dfrac{a_1 v(t_i - \tau)}{a_3 v(t_i)} - 1}{a_2} < \frac{\dfrac{a_1(\widehat{M} + \varepsilon)}{a_3(\widehat{M} - \varepsilon)} - 1}{a_2} = v^* + \frac{2a_1\varepsilon}{a_2 a_3(\widehat{M} - \varepsilon)},$$

而

$$v(t_i - \tau) = (1 + a_2 v(t_i - \tau - \tau_1)) \cdot a_3 v(t_i)/a_1 > \frac{a_3}{a_1} v(t_i) > \frac{a_3}{a_1}(\widehat{M} - \varepsilon),$$

因此有

$$v(t_i - \tau) - v(t_i - \tau - \tau_1) > \frac{a_3}{a_1}(\widehat{M} - \varepsilon) - v^* - \frac{2a_1\varepsilon}{a_2 a_3(\widehat{M} - \varepsilon)} > 0, \qquad (4.67)$$

对充分小的 ε 均成立. 然而

$$v(t_i - \tau) - v(t_i - \tau - \tau_1) = \tau_1 \cdot \dot{v}(t_\theta) = \tau_1 \cdot \left\{ \frac{a_1 v(t_\theta - \tau)}{1 + a_2 v(t_\theta - \tau - \tau_1)} - a_3 v(t_\theta) \right\}$$

$$< \tau_1 \cdot \max \left\{ \frac{a_1 v(t_\theta - \tau)}{1 + a_2 v(t_\theta - \tau - \tau_1)}, \ a_3 v(t_\theta) \right\}$$

$$< \tau_1 \cdot a_1(\widehat{M} + \varepsilon), \qquad (4.68)$$

其中, $t_\theta = t_i - \tau - \theta\tau_1, \ 0 \leqslant \theta \leqslant 1.$ 由 (4.67) 式、(4.68) 式得

$$\tau_1 \cdot a_1(\widehat{M} + \varepsilon) > \frac{a_3}{a_1}(\widehat{M} - \varepsilon) - v^* - \frac{2a_1\varepsilon}{a_2 a_3(\widehat{M} - \varepsilon)},$$

对任意充分小的 ε 均成立, 即

$$\tau_1 \cdot a_1 \left(1 + \frac{\varepsilon}{\widehat{M}}\right) > \frac{a_3}{a_1}\left(1 - \frac{\varepsilon}{\widehat{M}}\right) - \frac{v^*}{\widehat{M}} - \frac{2a_1\varepsilon}{a_2 a_3 \widehat{M}(\widehat{M} - \varepsilon)}.$$

然而条件 (H_1)、(H_2) 表明 $\tau_1 \cdot a_1 < \dfrac{a_3}{a_1}$, 故必存在 $\varepsilon > 0$, 使得

$$\tau_1 \cdot a_1 \left(1 + \frac{\varepsilon}{\widehat{M}}\right) < \frac{a_3}{a_1}\left(1 - \frac{\varepsilon}{\widehat{M}}\right) - \frac{v^*}{\widehat{M}} - \frac{2a_1\varepsilon}{a_2 a_3 \widehat{M}(\widehat{M} - \varepsilon)},$$

对任意充分小的 ε 均成立, 矛盾, 情形 A 得证.

情形 B $\widehat{M} = +\infty$.

若 $\widehat{M} = +\infty$, 则每个充分大的常数 $N_0 \geqslant \dfrac{a_1 v^*}{a_3 - a_1^2 \tau_1}$, 存在 $T = T(N_0) > \tau + \tau_1$ 及某个关于 $v(t)$ 的最大值点 $t_i > T + \tau + \tau_1$, 使得 $v(t_i) = N \geqslant N_0$ 且对所有 $t \in (t_i - \tau - \tau_1, t_i)$, 均有 $v(t_i) > v(t)$. 注意 $\dot{v}(t_i) = 0$, 因此有

$$v(t_i - \tau - \tau_1) = \frac{\dfrac{a_1 v(t_i - \tau)}{a_3 v(t_i)} - 1}{a_2} < \frac{\dfrac{a_1}{a_3} - 1}{a_2} = v^*,$$

而

$$v(t_i - \tau) = (1 + a_2 v(t_i - \tau - \tau_1)) \cdot a_3 v(t_i)/a_1 > a_3 N/a_1 > v^*,$$

利用条件 $(H_1), (H_2)$ 得

$$v(t_i - \tau) - v(t_i - \tau - \tau_1) > a_3 N/a_1 - v^* > 0. \qquad (4.69)$$

而

$$
\begin{aligned}
v(t_i - \tau) - v(t_i - \tau - \tau_1) &= \tau_1 \cdot \dot{v}(t_\theta) = \tau_1 \cdot \left\{ \frac{a_1 v(t_\theta - \tau)}{1 + a_2 v(t_\theta - \tau - \tau_1)} - a_3 v(t_\theta) \right\} \\
&< \tau_1 \cdot \max \left\{ \frac{a_1 v(t_\theta - \tau)}{1 + a_2 v(t_\theta - \tau - \tau_1)}, \ a_3 v(t_\theta) \right\} \\
&< \tau_1 \cdot a_1 N, \qquad (4.70)
\end{aligned}
$$

其中, $t_\theta = t_i - \tau - \theta\tau_1, \ \ 0 \leqslant \theta \leqslant 1.$ 因此, 由 (4.70) 式及 (4.69) 式得

$$\tau_1 \cdot a_1 N > a_3 N/a_1 - v^*,$$

即

$$\tau_1 \cdot a_1 > a_3/a_1 - v^*/N,$$

然而由条件 $(H_1), (H_2)$, 对于充分大的 $N \geqslant N_0$ 这是不可能的, 矛盾, 证得情形 B. 引理 4.7 得证.

考虑具有时滞的单方程如下:

$$v'(t) = \frac{a_1 v(t - \tau)}{1 + a_2 v(t - \tau)} - a_3 v(t), \quad v(t) = \phi(t) \geqslant 0, \quad v(0) > 0, \quad t \in [-\tau, 0], \quad (4.71)$$

这里, $a_i > 0, \ i = 1, 2, 3.$ 类似于引理 4.6, 对一切 $t \geqslant 0$, 有 $v(t) > 0$. 由 Kuang (1993) 的文献中定理 4.9.1, 直接得如下引理:

引理 4.8　若 $a_1 > a_3$ 成立, 则系统 (4.71) 有唯一全局渐近稳定的正平衡点 $v^* = \dfrac{a_1 - a_3}{a_2 a_3}.$

定理 4.9　若系统 (4.66) 满足条件 (H_1) 和条件

(H_3) $\tau_1 < \min \left\{ \dfrac{a_3}{2a_1^2}, \dfrac{a_3^2}{a_1^3} \right\}.$

则系统 (4.66) 唯一的正平衡点 v^* 是全局渐近稳定的.

注释 4.5　定理 4.9 表明两时滞系统 (4.66) 引入充分小的时滞 τ_1 后仍保持全局渐近稳定性.

证明 利用引理 4.7 及 (4.66) 式, 得 (4.66) 的解 $v(t)$, 存在 $T_0 > \tau + \tau_1$, 使得

$$|v(t-\tau) - v(t-\tau-\tau_1)| = \left| \int_{t-\tau-\tau_1}^{t-\tau} \left[\frac{a_1 v(s-\tau)}{1 + a_2 v(s-\tau-\tau_1)} - a_3 v(s) \right] \mathrm{d}s \right|$$

$$< \max \left\{ \int_{t-\tau-\tau_1}^{t-\tau} \frac{a_1 v(s-\tau)}{1 + a_2 v(s-\tau-\tau_1)} \mathrm{d}s, \int_{t-\tau-\tau_1}^{t-\tau} a_3 v(s) \mathrm{d}s \right\}$$

$$< \int_{t-\tau-\tau_1}^{t-\tau} a_1 v(s-\tau) \mathrm{d}s < \int_{t-\tau-\tau_1}^{t-\tau} \frac{a_1^2 v^*}{a_3 - a_1^2 \tau_1} \mathrm{d}s$$

$$= \tau_1 \cdot \frac{a_1^2 v^*}{a_3 - a_1^2 \tau_1},$$

对所有 $t > T_0$ 均成立.

记 $\omega_1 = \tau_1 \cdot \dfrac{a_1^2 v^*}{a_3 - a_1^2 \tau_1}$, 则有

$$v(t - \tau) - \omega_1 < v(t - \tau - \tau_1) < v(t - \tau) + \omega_1, \quad t > T_0. \tag{4.72}$$

由此对 (4.66) 的解 $v(t)$ 和一切 $t > T_0 + \tau + \tau_1$, 有下列不等式:

$$\dot{v}(t) = \frac{a_1 v(t-\tau)}{1 + a_2 v(t-\tau-\tau_1)} - a_3 v(t)$$

$$> \frac{a_1 v(t-\tau)}{1 + a_2 (v(t-\tau) + \omega_1)} - a_3 v(t) \tag{4.73}$$

及

$$\dot{v}(t) < \frac{a_1 v(t-\tau)}{1 + a_2 (v(t-\tau) - \omega_1)} - a_3 v(t), \tag{4.74}$$

注意由条件 (H_3) 可知, $1 - a_2 \omega_1 > 0$.

对 (4.73) 式, 考虑其比较系统

$$\begin{cases} \dot{u}(t) = \dfrac{a_1 u(t-\tau)}{1 + a_2 (u(t-\tau) + \omega_1)} - a_3 u(t), \ t \geqslant T_0 + \tau, \\ u(t) \equiv v(t), \ t \in [T_0, T_0 + \tau]. \end{cases}$$

注意条件 (H_3), 有 $\omega_1 < v^*$, 从而 $\dfrac{a_1}{1 + a_2 \omega_1} > a_3$. 由引理 4.8 得

$$\lim_{t \to \infty} u(t) = u^* = v^* - \omega_1 > 0.$$

这里, u^* 为上述比较系统的正平衡点. 从而由比较定理, 得 $v(t) \geqslant u(t)$, $t \geqslant T_0 + \tau$, 即

$$\liminf_{t \to \infty} v(t) \geqslant v^* - \omega_1.$$

类似的, 由 (4.74) 式得

$$\limsup_{t\to\infty} v(t) \leqslant v^* + \omega_1.$$

因此, 对充分小的 $\varepsilon > 0$, 存在 $T_2 > T_0$, 使得

$$v(t) > v^* - \omega_1 - \varepsilon > 0, \quad t \geqslant T_2 \tag{4.75}$$

且

$$v(t) < v^* + \omega_1 + \varepsilon, \quad t \geqslant T_2. \tag{4.76}$$

又由 (4.75) 式、(4.76) 式, 有

$$|v(t-\tau) - v(t-\tau-\tau_1)| < \int_{t-\tau-\tau_1}^{t-\tau} \left[\frac{a_1(v^* + \omega_1 + \varepsilon)}{1 + a_2(v^* - \omega_1 - \varepsilon)} - a_3(v^* - \omega_1 - \varepsilon) \right] \mathrm{d}s$$

$$= \int_{t-\tau-\tau_1}^{t-\tau} \frac{a_1 v^* - a_3 v^*[1 + a_2(v^* - \omega_1 - \varepsilon)]}{1 + a_2(v^* - \omega_1 - \varepsilon)} \mathrm{d}s$$

$$+ \int_{t-\tau-\tau_1}^{t-\tau} \left[\frac{a_1(\omega_1 + \varepsilon)}{1 + a_2(v^* - \omega_1 - \varepsilon)} + a_3(\omega_1 + \varepsilon) \right] \mathrm{d}s$$

$$= (\omega_1 + \varepsilon) \cdot \int_{t-\tau-\tau_1}^{t-\tau} \left[\frac{a_2 a_3 v^* + a_1}{1 + a_2(v^* - \omega_1 - \varepsilon)} + a_3 \right] \mathrm{d}s$$

$$= (\omega_1 + \varepsilon) \cdot \tau_1 \left[\frac{a_2 a_3 v^* + a_1}{1 + a_2(v^* - \omega_1 - \varepsilon)} + a_3 \right],$$

对一切 $t > T_2$ 均成立. 记

$$\omega_2 = (\omega_1 + \varepsilon) \cdot \tau_1 \left[\frac{a_2 a_3 v^* + a_1}{1 + a_2(v^* - \omega_1 - \varepsilon)} + a_3 \right],$$

由条件 (H$_3$) 可知

$$\tau_1 \left[\frac{a_2 a_3 v^* + a_1}{1 + a_2(v^* - \omega_1 - \varepsilon)} + a_3 \right] < \tau_1 \cdot (a_2 a_3 v^* + a_1 + a_3) = \tau_1 \cdot 2a_1 < 1,$$

对充分小的 ε 均成立. 从而必存在正常数 $\beta < 1$, 使得对充分小的 ε, 均有

$$\omega_2 < \beta \cdot \omega_1.$$

我们得

$$v(t-\tau) - \omega_2 < v(t-\tau-\tau_1) < v(t-\tau) + \omega_2 \tag{4.77}$$

对一切 $t > T_2$ 成立.

重复上述证明过程, 可得序列 $\{\omega_i\}$, 其中

$$\omega_i = (\omega_{i-1} + \varepsilon) \cdot \tau_1 \left[\frac{a_2 a_3 v^* + a_1}{1 + a_2(v^* - \omega_{i-1} - \varepsilon)} + a_3 \right], \quad i = 2, 3, \cdots$$

且

$$v^* - \omega_i \leqslant \lim_{t \to \infty} \inf v(t) \leqslant \lim_{t \to \infty} \sup v(t) \leqslant v^* + \omega_i, \quad i = 2, 3, \cdots. \tag{4.78}$$

下面证明 $\lim_{i \to \infty} \omega_i = 0$. 注意 $\omega_2 < \beta\omega_1 < \omega_1$ 且有

$$\frac{\omega_2}{\omega_1} = \left(1 + \frac{\varepsilon}{\omega_1}\right) \cdot \tau_1 \left[\frac{a_2 a_3 v^* + a_1}{1 + a_2(v^* - \omega_1 - \varepsilon)} + a_3\right],$$

从而

$$\begin{aligned}
\frac{\omega_3}{\omega_2} &= \left(1 + \frac{\varepsilon}{\omega_2}\right) \cdot \tau_1 \left[\frac{a_2 a_3 v^* + a_1}{1 + a_2(v^* - \omega_2 - \varepsilon)} + a_3\right] \\
&< \left(1 + \frac{\varepsilon}{\omega_2}\right) \cdot \tau_1 \left[\frac{a_2 a_3 v^* + a_1}{1 + a_2(v^* - \beta\omega_1 - \varepsilon)} + a_3\right] \\
&< \frac{\left(1 + \dfrac{\varepsilon}{\omega_2}\right) \left[\dfrac{a_2 a_3 v^* + a_1}{1 + a_2(v^* - \beta\omega_1 - \varepsilon)} + a_3\right]}{\left(1 + \dfrac{\varepsilon}{\omega_1}\right) \left[\dfrac{a_2 a_3 v^* + a_1}{1 + a_2(v^* - \omega_1 - \varepsilon)} + a_3\right]} \cdot \frac{\omega_2}{\omega_1} \\
&< \frac{\omega_2}{\omega_1} < \beta < 1
\end{aligned}$$

对充分小的 ε 均成立. 类似的, 可证

$$\omega_i < \beta \cdot \omega_{i-1}, \quad i = 3, 4, \cdots,$$

证得 $\lim_{i \to \infty} \omega_i = 0$. 故由 (4.78) 式, 得 $\lim_{t \to \infty} v(t) = v^*$. 定理 4.9 得证.

4.2.4 永久持续生存和灭绝

下面我们分别给出系统 (4.59) 永久持续生存和灭绝方面的结果.

定理 4.10 若 $\dfrac{nbe^{-d_j\tau}K}{1 + k_1 K} \leqslant d$ 成立, 则系统 (4.59) 有 $\lim_{t \to \infty}(x(t), y(t), y_j(t)) = (K, 0, 0)$.

定理 4.11 若系统 (4.59) 满足 (4.64) 式和条件

$$\tau_1 < \left(\frac{1 + k_1 K}{nbe^{-d_j\tau}K}\right)^2 \cdot \min\left\{d/2, \frac{d^2(1 + k_1 K)}{nbe^{-d_j\tau}K}\right\}, \tag{4.79}$$

则该系统是永久持续生存的.

为证明上述定理, 我们要用到如下预备结论, 利用类似于 Liu 等 (2002) 的文献中引理 1 的证明方法, 得

引理 4.9 若 $y(\theta) \geqslant 0, -\tau \leqslant \theta \leqslant 0$, 且 $x(0), y(0), y_j(0) > 0$, 从而系统 (4.59) 的解满足 $x(t), y(t), y_j(t) > 0$ 对一切 $t > 0$ 均成立.

引理 4.10　系统 (4.59) 中 $x(t), y(t)$ 的永久持续生存性即蕴含了 $y_j(t)$ 的永久持续生存性.

证明　因为 $x(t), y(t)$ 具有正的最终上界和最终下界, 由 (4.61) 式得

$$0 < \lim_{t \to \infty} y_j(t) \leqslant \overline{\lim_{t \to \infty}} y_j(t) < \infty,$$

这便证明了引理 4.10.

利用系统 (4.59) 的第一个方程, 得 $\lim_{t \to \infty} \sup x(t) \leqslant K$, 将其代入 (4.59) 的第二个方程并利用引理 4.7, 可证得 $y(t)$ 最终有界. 从而, 结合引理 4.10 得

引理 4.11　若 (4.79) 式成立, 则系统 (4.59) 在第一象限内是点扩散的.

定理 4.10 的证明　为证定理的充分性, 考虑两种情形.

情形 1　$\dfrac{nbe^{-d_j\tau}K}{1 + k_1 K} < d.$

注意 $\lim_{t \to \infty} \sup x(t) \leqslant K$ 且有 (4.79) 成立, 因而运用 Liu 和 Beretta(2006) 的文献中定理 3.1 中关于情形 1 的类似证明即可证得情形 1.

情形 2　$\dfrac{nbe^{-d_j\tau}K}{1 + k_1 K} = d.$

由系统 (4.59) 的第一个方程可得, 当 $x(t)$ 位于 K 上方时将始终保持递减. 从而可证若存在 $t_0 > 0$, 使得 $x(t_0) < K$, 则必有 $x(t) < K$ 对一切 $t > t_0$ 均成立. 否则必存在某个 $t_1 > t_0$, 使得 $x(t_1) = K$ 且 $x'(t_1) \geqslant 0$. 这是不可能的, 因此有如下两种情形:

(1) $x(t) > K$ 且当 $t \to \infty$ 时 $x(t) \to K$;

(2) 存在某个 $t_0 > 0$, 使得 $x(t_0) < K$.

对于第一种情形, 只需证明 $\lim_{t \to \infty} y(t) = 0$, 因为这即表明 $\lim_{t \to \infty} y_j(t) = 0$. 在方程 (4.59) 两端对 t 积分, 得

$$x(t) - x(0) = \int_0^t rx(s)\left(1 - \frac{x(s)}{K}\right)\mathrm{d}s - \int_0^t \frac{bx(s)y(s)}{1 + k_1 x(s) + k_2 y(s)}\mathrm{d}s$$

$$< \int_0^t \underbrace{rx(s)\left(1 - \frac{x(s)}{K}\right)}_{x(s) \geqslant K}\mathrm{d}s - \int_0^t \frac{bKy(s)}{1 + k_1 K + k_2 y(s)}\mathrm{d}s$$

对一切 $t \geqslant t_0$ 均成立. 因此

$$\int_0^t \frac{bKy(s)}{1 + k_1 K + k_2 y(s)}\mathrm{d}s < x(0) - x(t) + \int_0^t \underbrace{rx(s)\left(1 - \frac{x(s)}{K}\right)}_{\leqslant 0}\mathrm{d}s < x(0).$$

由 $y(t)$ 的有界性, 得 $\displaystyle\int_0^t y(s)\mathrm{d}s$ 对一切 $t \geqslant t_0$ 均有界, 因此推得 $\lim_{t \to \infty} y(t) = 0$.

对于第二种情形, 由系统 (4.59) 的第一个方程可得 $x(t) < K$, 对一切 $t \geqslant t_0$ 均成立. 考虑函数

$$V = y(t) + d \int_{t-\tau}^{t} y(s)\mathrm{d}s,$$

可得对所有 $t \geqslant t_0 + \tau + \tau_1$, 均有

$$\frac{\mathrm{d}V}{\mathrm{d}t} = \frac{nbe^{-d_j\tau}x(t-\tau-\tau_1)y(t-\tau)}{1+k_1x(t-\tau-\tau_1)+k_2y(t-\tau-\tau_1)} - dy(t) + d(y(t)-y(t-\tau))$$

$$= y(t-\tau) \cdot \left(\underbrace{\frac{nbe^{-d_j\tau}x(t-\tau-\tau_1)}{1+k_1x(t-\tau-\tau_1)+k_2y(t-\tau-\tau_1)}}_{x(t-\tau-\tau_1)<K} - d \right)$$

$$< y(t-\tau) \cdot \left(\frac{nbe^{-d_j\tau}K}{1+k_1K+k_2y(t-\tau-\tau-\tau_1)} - d \right)$$

$$= -\frac{dk_2y(t-\tau)y(t-\tau)}{1+k_1K+k_2y(t-\tau-\tau_1)} < 0,$$

上式连同引理 4.6 即推得 $\lim\limits_{t\to\infty} y(t) = 0$. 证得定理 4.10.

为证定理 4.11, 我们继续采用 Hale 和 Waltman 开创的适用于无穷维动力系统的一致持续生存定理 (Hale J K, Waltman P, 1989), 即通过系统特定边界的一致排斥来推得系统的一致持久. 该理论相关内容已在本章 4.1 节中转述, 在本节中我们主要运用其参见引理 4.4.

定理 4.11 的证明　下面证明条件 (4.64) 推得系统 (4.59) 的永久持续生存性.

先证明条件 (4.64) 即推得系统 (4.59) 子系统 (4.62) 的永久持续生存性. 第一步, 证明空间 $R_+^2 = \{(x,y): x \geqslant 0, y \geqslant 0\}$ 的边界一致地排斥系统 (4.62) 的正解.

令 $C^+([-\tau,0], R_+^2)$ 表示从 $[-\tau,0]$ 到 R_+^2 的连续函数映射空间. 记

$$C_1 = \{(\varphi_0,\varphi_1) \in C^+([-\tau,0], R_+^2): \varphi_0(\theta) \equiv 0, \varphi_1(\theta) > 0, \theta \in [-\tau,0]\},$$

$$C_2 = \{(\varphi_0,\varphi_1) \in C^+([-\tau,0], R_+^2): \varphi_0(\theta) > 0, \varphi_1(\theta) \equiv 0, \theta \in [-\tau,0]\}.$$

且令 $C = C_1 \bigcup C_2$, $X = C^+([-\tau,0], R_+^2)$ 及 $X^0 = \mathrm{Int}C^+([-\tau,0], R_+^2)$, 则易得 $C = \partial X^0$. 因此, 系统 (4.62) 有两个位于 $C = \partial X^0$ 内的常数解: $\widetilde{E_0} \in C_1$, $\widetilde{E_1} \in C_2$, 其中

$$\widetilde{E_0} = \{(\varphi_0,\varphi_1) \in C^+([-\tau,0], R_+^2): \varphi_0(\theta) \equiv \varphi_1(\theta) \equiv 0, \theta \in [-\tau,0]\},$$

$$\widetilde{E_1} = \{(\varphi_0,\varphi_1) \in C^+([-\tau,0], R_+^2): \varphi_0(\theta) \equiv K, \varphi_1(\theta) \equiv 0, \theta \in [-\tau,0]\}.$$

以下证明引理 4.4 的其他条件也满足. 由集合 X^0 与 ∂X^0 的定义及系统 (4.62) 得引理 4.4 中条件 (i) 和 (ii) 满足且集合 X^0 与 ∂X^0 均为不变的. 因此, 条件 (H$_1$) 也得以满足.

考虑引理 4.4 中条件 (iii), 有

$$\dot{x}(t)|_{(\varphi_0,\varphi_1)\in C_1} \equiv 0,$$

因此 $x(t)|_{(\varphi_0,\varphi_1)\in C_1} \equiv 0$ 对一切 $t \geqslant 0$ 均成立. 进而得

$$\dot{y}(t)|_{(\varphi_0,\varphi_1)\in C_1} = -dy(t) \leqslant 0,$$

由此得到集 C_1 中所有点均趋于 $\widetilde{E_0}$, 即 $C_1 = W^s(\widetilde{E_0})$.

类似地, 可证 C_2 中所有点在该映射下均趋于 $\widetilde{E_1}$, 即 $C_2 = W^s(\widetilde{E_1})$. 因此 $\widetilde{A_\partial} = \widetilde{E_0} \bigcup \widetilde{E_1}$, 显然该点在此映射中是孤立的集合. 注意 $C_1 \bigcap C_2 = \varnothing$, 从该空间的结构特征可知, $\widetilde{A_\partial}$ 为非循环的, 满足引理 4.4 中的条件 (iii).

下面证明 $W^s(\widetilde{E_i}) \bigcap X^0 = \varnothing$, $i = 0, 1$. 由引理 4.6 得, $x(t), y(t) > 0$ 对一切 $t > 0$ 均成立. 假定 $W^s(\widetilde{E_0}) \bigcap X^0 \neq \varnothing$, 即存在正解 $(x(t), y(t))$, 使得 $\lim\limits_{t\to\infty}(x(t),y(t)) = (0,0)$, 那么利用系统 (4.62) 的第一个方程得

$$\frac{\mathrm{d}(\ln x(t))}{\mathrm{d}t} = r\left(1 - \frac{x(t)}{K}\right) - \frac{by(t)}{1 + k_1 x(t) + k_2 y(t)} > \frac{r}{2}$$

对所有充分大的 t 均成立. 故得 $\lim\limits_{t\to\infty} x(t) = +\infty$, 而这与 $\lim\limits_{t\to\infty} x(t) = 0$ 矛盾. 证得 $W^s(\widetilde{E_0}) \bigcap X^0 = \varnothing$.

再来证明 $W^s(\widetilde{E_1}) \bigcap X^0 = \varnothing$. 如若不然, $W^s(\widetilde{E_1}) \bigcap X^0 \neq \varnothing$, 则必存在系统 (4.62) 的正解 $(x(t), y(t))$, 使得 $\lim\limits_{t\to\infty}(x(t),y(t)) = (K,0)$, 且对充分小并满足条件

$$\varepsilon < \min\left\{\frac{nbe^{-d_j\tau}K - d - dKk_1}{2(nbe^{-d_j\tau} - dk_1 + dk_2)}, \ \frac{nbe^{-d_j\tau}K - d - dKk_1}{2k_2 d}\right\}$$

的正常数 ε, 存在正常数 $T = T(\varepsilon)$, 使得

$$x(t) > K - \varepsilon > 0, \quad y(t) < \varepsilon, \quad t \geqslant T.$$

由系统 (4.62) 的第二个方程, 得

$$y'(t) > \frac{nbe^{-d_j\tau}(K-\varepsilon)y(t-\tau)}{1 + k_1(K-\varepsilon) + k_2 y(t-\tau-\tau_1)} - dy(t), \quad t \geqslant T + \tau + \tau_1. \tag{4.80}$$

考虑比较方程

$$\begin{cases} v'(t) = \dfrac{nbe^{-d_j\tau}(K-\varepsilon)v(t-\tau)}{1 + k_1(K-\varepsilon) + k_2 v(t-\tau-\tau_1)} - dv(t), & t \geqslant T + \tau + \tau_1, \\ v(t) = y(t), & t \in [T, T+\tau]. \end{cases} \tag{4.81}$$

由比较原理, 得 $y(t) \geqslant v(t)$ 对一切 $t > T$ 均成立. 另一方面, 利用 (4.79) 式可知, 系统 (4.80) 满足 (4.71) 中的条件 (H$_3$), 故由定理 4.9 得 $\lim\limits_{t \to \infty} v(t) = v^*$ 对系统 (4.81) 的所有解均成立. 这里

$$v^* = \frac{nbe^{-d_j\tau}(K - \varepsilon) - d - dk_1(K - \varepsilon)}{dk_2} > \varepsilon$$

为系统 (4.81) 的唯一正平衡点.

因此得 $\lim\limits_{t \to \infty} y(t) \geqslant v^* > \varepsilon$, 这与当 $t \geqslant T$ 时 $y(t) < \varepsilon$ 矛盾. 从而有 $W^s(\widetilde{E_i}) \bigcap X^0 = \varnothing$, $i = 0, 1$. 于是推得系统 (4.62) 满足引理 4.4 的所有条件, 由该引理得 $(x(t), y(t))$ 是一致持久生存的, 即存在正常数 ϵ 和 $T = T(\epsilon)$, 使得 $x(t), y(t) \geqslant \epsilon$ 对所有 $t \geqslant T$ 均成立. 注意引理 4.11 表明 (x, y) 是最终有界的, 由永久持续生存的定义, 证得系统 (4.59) 的子系统 (4.62) 的永久持续生存性.

再由引理 4.61 推得 $y_j(t)$ 也为永久持续生存的, 故证得了系统 (4.59) 的永久持续生存性.

4.2.5　全局吸引性

在本小节中, 我们研究捕食者的相互干扰率常数 k_2 与其代际时滞 τ_1 的组合是如何影响系统 (4.59) 的稳定性的.

定理 4.12　若系统 (4.62) 满足 (4.79) 式及条件

$$k_2 > \max\left\{ \frac{bK(nbe^{-d_j\tau} - k_1 d)}{r[(nbe^{-d_j\tau} - dk_1)K - d]}, \; \frac{bK(nbe^{-d_j\tau} - k_1 d)}{rd}, \; \frac{b}{r} \right\}, \tag{4.82}$$

则其正平衡点 E 是全局稳定的.

定理 4.12 的证明　正平衡点 E 的存在性表明不等式 (4.64) 成立. 由系统 (4.62) 的第一个方程, 得 $\lim\limits_{t \to \infty} \sup x(t) \leqslant K$. 从而对于充分小的 $\varepsilon > 0$, 存在 $T_1 > 0$, 使得 $x(t) < K + \varepsilon = \overline{x_1}$ 对一切 $t \geqslant T_1$ 均成立. 将这个不等式代入系统 (4.62) 的第二个方程, 得

$$y'(t) < \frac{nbe^{-d_j\tau}\overline{x_1}y(t - \tau)}{1 + k_1\overline{x_1} + k_2 y(t - \tau - \tau_1)} - dy(t), \quad t \geqslant T_1 + \tau + \tau_1.$$

考虑系统

$$\begin{cases} v'(t) = \dfrac{nbe^{-d_j\tau}\overline{x_1}v(t - \tau)}{1 + k_1\overline{x_1} + k_2 v(t - \tau - \tau_1)} - dv(t), & t \geqslant T_1 + \tau + \tau_1, \\ v(t) \equiv y(t), & t \in [T_1, T_1 + \tau + \tau_1]. \end{cases}$$

注意由上述方程和方程 (4.64), 可得

$$\frac{nbe^{-d_j\tau}\overline{x_1}}{1 + k_1\overline{x_1}} - d > 0$$

对一切充分小的 ε 均成立. 由 (4.79) 式得

$$\tau_1 < \left(\frac{1 + k_1\overline{x_1}}{nbe^{-d_j\tau}\overline{x_1}}\right)^2 \cdot \min\left\{\frac{d}{2}, \frac{d^2(1 + k_1\overline{x_1})}{nbe^{-d_j\tau}\overline{x_1}}\right\} \tag{4.83}$$

对一切充分小的 ε 均成立. 从而由定理 4.9, 有

$$\lim_{t\to\infty} v(t) = \frac{nbe^{-d_j\tau}\overline{x_1} - d(1 + k_1\overline{x_1})}{k_2 d} > 0.$$

由比较定理得 $y(t) \leqslant v(t)$, $t \geqslant T_1 + \tau + \tau_1$. 从而对一切充分小的 $\varepsilon > 0$, 必存在 $T_2 > T_1 + \tau$, 使得

$$y(t) < \frac{nbe^{-d_j\tau}\overline{x_1} - d(1 + k_1\overline{x_1})}{k_2 d} + \varepsilon = \overline{y_1}, \quad t \geqslant T_2. \tag{4.84}$$

将 (4.84) 式代入系统 (4.62) 的第一个方程, 得

$$x'(t) > rx(t)\left(1 - \frac{x(t)}{K}\right) - \frac{bx(t)\overline{y_1}}{1 + k_1x(t) + k_2\overline{y_1}}, \quad t \geqslant T_2.$$

由 (4.82) 式知, $r > \dfrac{b}{k_2} > \dfrac{b\overline{y_1}}{1 + k_2\overline{y_1}}$. 再由比较定理得, 对充分小的 $\varepsilon > 0$, 必存在常数 $T_3 > T_2$, 使得

$$x(t) > z^* - \varepsilon = \underline{x_1} > 0, \quad t \geqslant T_3, \tag{4.85}$$

其中, $z^* > K \cdot \left[1 - \dfrac{b\overline{y_1}}{r(1 + k_2\overline{y_1})}\right]$ 为方程

$$rx(t)\left(1 - \frac{x(t)}{K}\right) - \frac{bx(t)\overline{y_1}}{1 + k_1x(t) + k_2\overline{y_1}} = 0$$

的唯一正根.

将 (4.85) 式代入系统 (4.62) 的第二个方程, 得

$$y'(t) > \frac{nbe^{-d_j\tau}\underline{x_1}y(t-\tau)}{1 + k_1\underline{x_1} + k_2y(t-\tau-\tau_1)} - dy(t), \quad t \geqslant T_3 + \tau + \tau_1.$$

由 (4.85) 式知

$$nbe^{-d_j\tau}\underline{x_1} - d(1 + k_1\underline{x_1}) > (nbe^{-d_j\tau} - dk_1)\left\{K[1 - \frac{b\overline{y_1}}{r(1 + k_2\overline{y_1})}] - \varepsilon\right\} - d$$

$$> (nbe^{-d_j\tau} - dk_1)\left\{K[1 - \frac{b}{rk_2}] - \varepsilon\right\} - d$$

$$= \frac{(nbe^{-d_j\tau} - dk_1)(K - \varepsilon) - d}{k_2}$$

$$\cdot \left\{k_2 - \frac{bK(nbe^{-d_j\tau} - dk_1)}{r[(nbe^{-d_j\tau} - dk_1)(K - \varepsilon) - d]}\right\}.$$

利用 (4.82) 式, 可得

$$nbe^{-d_j\tau}\underline{x_1} - d(1 + k_1\underline{x_1}) > 0, \tag{4.86}$$

对任意充分小的 $\varepsilon > 0$ 均成立. 注意 $0 < \underline{x_1} < \overline{x_1}$, 于是由 (4.83) 式得

$$\tau_1 < \left(\frac{1 + k_1\overline{x_1}}{nbe^{-d_j\tau}\overline{x_1}}\right)^2 \cdot \min\left\{\frac{d}{2}, \frac{d^2(1 + k_1\overline{x_1})}{nbe^{-d_j\tau}\overline{x_1}}\right\}$$

$$< \left(\frac{1 + k_1\underline{x_1}}{nbe^{-d_j\tau}\underline{x_1}}\right)^2 \cdot \min\left\{\frac{d}{2}, \frac{d^2(1 + k_1\underline{x_1})}{nbe^{-d_j\tau}\underline{x_1}}\right\}.$$

再由定理 4.9 及类似上述关于 $\overline{y_1}$ 的证明过程, 对于上述选定的 $\varepsilon > 0$, 必存在常数 $T_4 > T_3 + \tau + \tau_1$, 使得

$$y(t) > \frac{nbe^{-d_j\tau}\underline{x_1} - d(1 + k_1\underline{x_1})}{k_2 d} - \varepsilon = \underline{y_1} > 0, \quad t \geqslant T_4. \tag{4.87}$$

从而有

$$\underline{x_1} < x(t) < \overline{x_1}, \quad \underline{y_1} < y(t) < \overline{y_1}, \quad t \geqslant T_4$$

对系统 (4.62) 成立.

将 (4.87) 式代入系统 (4.62) 的第一个方程, 得

$$x'(t) < rx(t)\left(1 - \frac{x(t)}{K}\right) - \frac{bx(t)\underline{y_1}}{1 + k_1x(t) + k_2\underline{y_1}}, \quad t \geqslant T_4.$$

因为 $r - \dfrac{b\underline{y_1}}{1 + k_2\underline{y_1}} > r - \dfrac{b\overline{y_1}}{1 + k_2\overline{y_1}} > 0$, 由比较定理得, 对任意充分小的 $\varepsilon > 0$, 必存在常数 $T_5 > T_4$, 使得

$$x(t) < z_1^* + \varepsilon = \overline{x_2} > 0, \quad t \geqslant T_5, \tag{4.88}$$

其中, $z_1^* > K \cdot \left[1 - \dfrac{b\underline{y_1}}{r(1 + k_2\underline{y_1})}\right]$ 为方程

$$rx(t)\left(1 - \frac{x(t)}{K}\right) - \frac{bx(t)\underline{y_1}}{1 + k_1x(t) + k_2\underline{y_1}} = 0$$

的唯一正根.

由 $\overline{x_2}$ 的定义得

$$\overline{x_2} < K < \overline{x_1}.$$

再将 (4.88) 式代入系统 (4.62) 的第二个方程, 得

$$y'(t) < \frac{nbe^{-d_j\tau}\overline{x_2}y(t - \tau)}{1 + k_1\overline{x_2} + k_2y(t - \tau - \tau_1)} - dy(t), \quad t \geqslant T_5 + \tau + \tau_1.$$

由 $\overline{x_2} > \underline{x_1}$ 和 (4.86) 式, 得

$$nbe^{-d_j\tau}\overline{x_2} - d(1 + k_1\overline{x_2}) > nbe^{-d_j\tau}\underline{x_1} - d(1 + k_1\underline{x_1}) > 0,$$

进而由 (4.83) 式有

$$\tau_1 < \left(\frac{1 + k_1\overline{x_2}}{nbe^{-d_j\tau}\overline{x_2}}\right)^2 \cdot \min\left\{\frac{d}{2}, \ \frac{d^2(1 + k_1\overline{x_2})}{nbe^{-d_j\tau}\overline{x_2}}\right\}.$$

因此, 利用类似于前面的证明过程得, 对于任意充分小的 $\varepsilon > 0$, 必存在常数 $T_6 > T_5 + \tau + \tau_1$, 使得

$$y(t) < \frac{nbe^{-d_j\tau}\overline{x_2} - d(1 + k_1\overline{x_2})}{k_2 d} + \varepsilon = \overline{y_2}, \quad t \geqslant T_6. \tag{4.89}$$

由 (4.84) 式、(4.89) 式有 $\overline{y_2} < \overline{y_1}$.
　　将 (4.89) 式代入系统 (4.62) 的第一个方程, 得

$$x'(t) > rx(t)\left(1 - \frac{x(t)}{K}\right) - \frac{bx(t)\overline{y_2}}{1 + k_1 x(t) + k_2\overline{y_2}}, \quad t \geqslant T_6.$$

由 (4.82) 式知 $r > \dfrac{b}{k_2} > \dfrac{b\overline{y_1}}{1 + k_2\overline{y_1}} > \dfrac{b\overline{y_2}}{1 + k_2\overline{y_2}}$. 从而由比较定理得, 对于任意充分小的 $\varepsilon > 0$, 必存在常数 $T_7 > T_6$, 使得

$$x(t) > z_2^* - \varepsilon = \underline{x_2} > 0, \quad t \geqslant T_7, \tag{4.90}$$

其中, $z_2^* > K \cdot \left[1 - \dfrac{b\overline{y_2}}{r(1 + k_2\overline{y_2})}\right] > 0$ 为方程

$$rx(t)\left(1 - \frac{x(t)}{K}\right) - \frac{bx(t)\overline{y_2}}{1 + k_1 x(t) + k_2\overline{y_2}} = 0$$

的唯一正根. 由 $\underline{x_2}$ 的定义, 得 $\underline{x_2} > \underline{x_1}$.
　　将 (4.90) 式代入到系统 (4.62) 的第二个方程, 并利用类似上述关于 $\overline{y_2}$ 的证明过程, 可得必存在常数 $T_8 > T_7 + \tau$, 使得

$$y(t) > \frac{nbe^{-d_j\tau}\underline{x_2} - d(1 + k_1\underline{x_2})}{k_2 d} - \varepsilon = \underline{y_2} > 0, \quad t \geqslant T_8, \tag{4.91}$$

从而得 $\underline{y_2} > \underline{y_1}$.
　　于是有

$$0 < \underline{x_1} < \underline{x_2} < x(t) < \overline{x_2} < \overline{x_1}, \quad 0 < \underline{y_1} < \underline{y_2} < y(t) < \overline{y_2} < \overline{y_1}, \quad t \geqslant T_8. \tag{4.92}$$

重复上述证明过程, 得到如下 4 个序列:

$\{\overline{x_n}\}_{n=1}^{\infty}, \{\underline{x_n}\}_{n=1}^{\infty}, \{\overline{y_n}\}_{n=1}^{\infty}, \{\underline{y_n}\}_{n=1}^{\infty}$, 其中

$$
\begin{aligned}
0 < \underline{x_1} < \underline{x_2} < \cdots < \underline{x_n} < x(t) < \overline{x_n} < \cdots < \overline{x_2} < \overline{x_1}, \\
0 < \underline{y_1} < \underline{y_2} < \cdots < \underline{y_n} < y(t) < \overline{y_n} < \cdots < \overline{y_2} < \overline{y_1}, \quad t \geqslant T_{4n}.
\end{aligned} \tag{4.93}
$$

由 (4.93) 式可知序列 $\{\overline{x_n}\}_{n=1}^{\infty}, \{\underline{x_n}\}_{n=1}^{\infty}, \{\overline{y_n}\}_{n=1}^{\infty}, \{\underline{y_n}\}_{n=1}^{\infty}$ 的极限均存在. 记

$$
\overline{x} = \lim_{n\to\infty}\overline{x_n}, \quad \overline{y} = \lim_{n\to\infty}\overline{y_n}, \quad \underline{x} = \lim_{n\to\infty}\underline{x_n}, \quad \underline{y} = \lim_{n\to\infty}\underline{y_n},
$$

从而必有 $\overline{x} \geqslant \underline{x}, \overline{y} \geqslant \underline{y}$. 要证得定理, 只需证明 $\overline{x} = \underline{x}, \overline{y} = \underline{y}$ 即可.

由 $\overline{y_n}, \underline{y_m}$ 的定义得

$$
\overline{y_n} = \frac{nbe^{-d_j\tau}\overline{x_n} - d(1 + k_1\overline{x_n})}{k_2 d} + \varepsilon, \quad \underline{y_m} = \frac{nbe^{-d_j\tau}\underline{x_m} - d(1 + k_1\underline{x_m})}{k_2 d} - \varepsilon,
$$

于是有

$$
\overline{y_n} - \underline{y_m} = \frac{nbe^{-d_j\tau} - dk_1}{k_2 d} \cdot (\overline{x_n} - \underline{x_m}) + 2\varepsilon. \tag{4.94}
$$

由 $\overline{x_n}, \underline{x_n}$ 的定义和 (4.94) 式, 得

$$
\begin{aligned}
\overline{x_n} - \underline{x_n} &= K \cdot [1 - \frac{b\underline{y_{n-1}}}{r(1 + k_2\underline{y_{n-1}})}] - K \cdot [1 - \frac{b\overline{y_n}}{r(1 + k_2\overline{y_n})}] + 2\varepsilon \\
&= \frac{bK}{r} \cdot \left[\frac{\overline{y_n} - \underline{y_{n-1}}}{(1 + k_2\underline{y_{n-1}})(1 + k_2\overline{y_n})} \right] + 2\varepsilon \\
&= \frac{bK}{r} \cdot \frac{[nbe^{-d_j\tau} - dk_1]/k_2 d \cdot (\overline{x_n} - \underline{x_{n-1}}) + 2\varepsilon}{(1 + k_2\underline{y_{n-1}})(1 + k_2\overline{y_n})} + 2\varepsilon \\
&< \frac{bK}{k_2 dr} \cdot [nbe^{-d_j\tau} - dk_1] \cdot (\overline{x_n} - \underline{x_{n-1}}) + 2\varepsilon\left(1 + \frac{bK}{r}\right), \tag{4.95}
\end{aligned}
$$

令 $n \to \infty$, 从而得

$$
\overline{x} - \underline{x} \leqslant \frac{bK}{k_2 dr} \cdot [nbe^{-d_j\tau} - dk_1] \cdot (\overline{x} - \underline{x}) + 2\varepsilon\left(1 + \frac{bK}{r}\right),
$$

因而有

$$
\left\{ 1 - \frac{bK}{k_2 dr} \cdot [nbe^{-d_j\tau} - dk_1] \right\} (\overline{x} - \underline{x}) \leqslant 2\varepsilon\left(1 + \frac{bK}{r}\right).
$$

由 (4.82) 式, 有 $1 - \dfrac{bK}{k_2 dr} \cdot [nbe^{-d_j\tau} - dk_1] > 0$, 注意 ε 可以取任意小, 因此有 $\overline{x} = \underline{x}$.

另一方面, 由 (4.94) 式并令 $n, m \to \infty$, 得 $\overline{y} = \underline{y}$. 定理 4.12 得证.

4.2.6　正平衡点的稳定性转换

由于幼年捕食者不出现在食饵和成年捕食者的方程中, 且其动力行为取决于食饵和成年捕食者的相应动力性态, 我们只需考虑系统 (4.62) 的特征方程. 记 $X^* = (x^*, y^*)$ 为系统 (4.62) 的非负平衡点: $E_0 = (0,0)$, $E_1 = (K,0)$, 记 E 为其正平衡点.

我们将系统 (4.62) 写为

$$\underline{\dot{X}}(t) = \underline{F}(\underline{X}(t), \underline{X}(t-\tau), \underline{X}(t-\tau-\tau_1)),$$

其中, $\underline{X}(t) = \mathrm{col}(x(t), y(t))$, 并记

$$G = \left(\frac{\partial \underline{F}}{\partial \underline{X}(t)}\right)_{X^*}, \quad H = \left(\frac{\partial \underline{F}}{\partial \underline{X}(t-\tau)}\right)_{X^*}, \quad L = \left(\frac{\partial \underline{F}}{\partial \underline{X}(t-\tau-\tau_1)}\right)_{X^*}.$$

特征方程为

$$\det(G + He^{-\lambda\tau} + Le^{-\lambda(\tau+\tau_1)} - \lambda I) = 0, \tag{4.96}$$

其中, I 为 2×2 阶单位矩阵. 记

$$g(x,y) = \frac{bxy}{1+k_1x+k_2y}, \qquad \frac{\partial g(x,y)}{\partial x} = \frac{by(1+k_2y)}{(1+k_1x+k_2y)^2},$$

$$\frac{\partial g(x,y)}{\partial y} = \frac{bx(1+k_1x)}{(1+k_1x+k_2y)^2}$$

且在平衡点 $\underline{X}^* = (x^*, y^*)^{\mathrm{T}}$ 记

$$g^* = g(x^*, y^*), \quad g'_{x^*} = g'_x(x^*, y^*), \quad g'_{y^*} = g'_y(x^*, y^*),$$

则特征方程 (4.96) 可变为

$$P_0(\lambda, \tau) + P_1(\lambda, \tau)e^{-\lambda\tau} + P_2(\lambda, \tau)e^{-\lambda(\tau+\tau_1)} = 0, \tag{4.97}$$

其中

$$\begin{cases} P_0(\lambda, \tau) = \lambda^2 + \lambda(d-A) - Ad, \\ P_1(\lambda, \tau) = -\lambda D - AD, \\ P_2(\lambda, \tau) = -\lambda E + AE + BC, \end{cases}$$

这里

$$R = r - \frac{2r}{K}x^*, \qquad A = R - g'_{x^*},$$

$$B = ne^{-d_j\tau}g'_{x^*}, \qquad C = g'_{y^*}, \tag{4.98}$$

$$D = ne^{-d_j\tau}\frac{g^*}{y^*}, \qquad E = -\frac{k_2ne^{-d_j\tau}g^*}{1+k_1x^*+k_2y^*}.$$

当 $X^* = E_0 = (0,0)$ 时, 易得 $P_1(\lambda, \tau) = P_2(\lambda, \tau) \equiv 0$ 且特征方程 (4.97) 化成

$$P_0(\lambda, \tau) = \lambda^2 + \lambda(d - r) - dr = 0,$$

特征根 $\lambda_1 = r$, $\lambda_2 = -d$, 即 E_0 为不稳定的鞍点.

在平衡点 $E_1 = (K, 0)$, 由于 $x^* = K$, $g'_{x^*} = g^* = 0$, $y^* = 0$, 得

$$\begin{cases} P_0(\lambda, \tau) = \lambda^2 + \lambda(d + r) + rd, \\[2mm] P_1(\lambda, \tau) = -(\lambda + r)ne^{-d_j\tau}\dfrac{bK}{1 + k_1 K}, \\[2mm] P_2(\lambda, \tau) = 0 \end{cases}$$

且特征方程 (4.97) 化为

$$(\lambda + r)\left[\lambda + d - \frac{ne^{-(\lambda + d_j)\tau}bK}{1 + k_1 K}\right] = 0,$$

则一个特征根为 $\lambda = -r < 0$, 而另一特征根为方程

$$g(\lambda, \tau) = \lambda + d - \frac{ne^{-(\lambda + d_j)\tau}bK}{1 + k_1 K} = 0$$

的根. 根据 Liu 和 Beretta(2006) 的文献中的推论 5.2, 有

定理 4.13 正平衡点 $E_1 = (K, 0)$ 的稳定性如下:

(i) 当 $\dfrac{ne^{-d_j\tau}bK}{1 + k_1 K} > d$ 时为不稳定的;

(ii) 当 $\dfrac{ne^{-d_j\tau}bK}{1 + k_1 K} = d$ 时为线性中立稳定的;

(iii) 当 $\dfrac{ne^{-d_j\tau}bK}{1 + k_1 K} < d$ 时为渐近稳定的.

注意条件 (i) 同时是正平衡点 E 存在的充分必要条件. 因此, 只要正平衡点 E 存在, 边界平衡点 E_1 即为不稳定的. 若出现情形 (ii) 时, 则 E 与 E_1 重合, 而若情形 (i) 中的不等式反向 (参见情形 (iii)) 时, 正平衡点 E 不存在, 此时 E_1 为渐近稳定的.

在正平衡点 E 处, (4.98) 式变为

$$D = d, \quad E = -\frac{k_2 dy^*}{1 + k_1 x^* + k_2 y^*}.$$

为了简便, 我们设

$$\alpha(\tau) = A, \quad \beta(\tau) = -E, \quad \gamma(\tau) = BC,$$

则特征方程 (4.97) 有多项式

$$
\begin{cases}
P_0(\lambda, \tau) = \lambda^2 + \lambda(d - \alpha(\tau)) + \alpha(\tau)d, \\
P_1(\lambda, \tau) = -\lambda d + \alpha(\tau)d, \\
P_2(\lambda, \tau) = \lambda\beta(\tau) + (\gamma(\tau) - \alpha(\tau)\beta(\tau)),
\end{cases}
\tag{4.99}
$$

其中

$$
\begin{cases}
\alpha(\tau) = R(\tau) - g'_{x^*}(\tau), \\
R(\tau) = r - \dfrac{2r}{K}x^*(\tau), \\
\beta(\tau) = \dfrac{k_2 dy^*(\tau)}{1 + k_1 x^* + k_2 y^*}, \\
\gamma(\tau) = n e^{-d_j \tau} g'_{x^*} g'_{y^*}.
\end{cases}
\tag{4.100}
$$

因此, (4.97) 为两个离散时滞的超越方程且其某些多项式系数依赖于成熟期时滞 τ, 但不依赖于代际时滞 τ_1.

进一步, 注意到若在特征方程 (4.97) 中设 $\tau_1 = 0$, 我们得到方程如下:

$$
P_0(\lambda, \tau) + P_1(\lambda, \tau)e^{-\lambda\tau} = 0,
$$

此方程已在 Liu 和 Beretta (2006) 的文献中得到研究.

1. 时滞参数 τ, τ_1

下面, 我们试图将 Liu 和 Beretta (2006) 的文献中关于稳定性转换的结果推广到在正平衡点 E 处的两时滞特征方程 (4.97) 与 (4.99) 的稳定性分析中, 这里时滞 (τ, τ_1) 在区间 $[0, \tau^*) \times R_+$ 内变化.

因此, 我们将从选择适当的参数开始, 这些参数在 $\tau_1 = 0$ 时, 成为 τ(这里, $\tau \in I = [0, \tau^*)$) 的函数并将产生稳定的动力行为 (Liu S, Beretta E, 2006). 从而寻找特征方程 (4.97)、(4.99)、(4.100) 的两个时滞 (τ, τ_1) 在二维区域 $pI \times R_+ \subset R_+^2$ 内变化时的稳定性特征.

为此, 将采用由 Breda 等 (2004, 2005) 在文献中创立的计算时滞微分方程特征方程的算法, 这些算法均可以运用 Matlab 工具包 Trace-DDE 实现 (参见文献 Breda D).

我们选的系统 (4.59) 的第一组参数是

$$
r = n = k_1 = 1, \ K = 1.6, \ b = 1.5, \ d = 0.5, \ k_2 = 0.1, \ d_j = 0.01.
\tag{4.101}
$$

正平衡点 E 存在当且仅当 $\tau \in I = [0, \tau^*)$, 这里 $\tau^* = 61.31$.

对于所选取的这组参数, 在 τ 轴上发生两次 Hopf 分支, 第一次在点 $\tau = \tau_{01} = 1.28$, 当增加 τ 时导致不稳定; 第二次分支发生在 $\tau = \tau_{02} = 11.83$, 朝向稳定. 因此,

在 τ 轴上, 正平衡点 E 在区间 $[0, \tau_{01})$ 内稳定, 在区间 (τ_{01}, τ_{02}) 内不稳定而在区间 (τ_{02}, τ^*) 上又回到稳定状态.

我们将完整的有关这两个时滞 $(\tau, \tau_1) \in I \times R_+$ 的稳定–不稳定情况在图 4.2.2 显示, $(\tau - \tau_1)$ 区域中不稳定区间 (τ_{01}, τ_{02}) 的放大图见图 4.2.1.

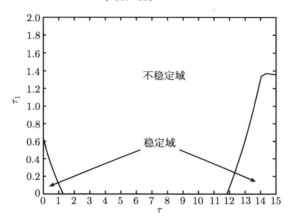

图 4.2.1　基于参数 (4.101) 下成熟期时滞、代际时滞改变导致系统 (4.59) 的正平衡点 E 处稳定–不稳定域: 放大版

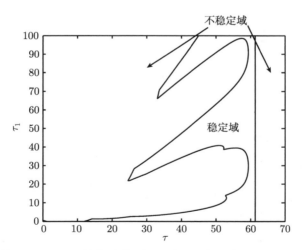

图 4.2.2　基于参数 (4.101) 下成熟期时滞、代际时滞改变导致系统 (4.59) 的正平衡点 E 处稳定–不稳定域

由图 4.2.2 可以发现当 τ 属于不稳定区间 (τ_{01}, τ_{02}) 时, 对任意代际时滞 $\tau_1 \geqslant 0$, 正平衡点 E 均为不稳定. 为使 $\tau > \tau_{02}$, 从而系统稳定, 可以增加幼年捕食者的成熟期时滞 τ.

如果在此基础上继续增加时滞 τ, 则正平衡点 E 的稳定性将随着代际时滞 τ_1 的增加而变得越来越复杂, 呈现多次稳定性转换, 参见图 4.2.2.

因此, 若代际时滞 τ_1 充分小时, 增加幼年捕食者的成熟期时滞 τ 对系统正平衡点 E 将起到稳定的作用.

我们选取关于系统 (4.59) 的第二组参数是

$$r = n = k_1 = 1, \ K = 5, \ b = 1.5, \ d = 0.5, \ k_2 = 2, \ d_j = 0.01. \tag{4.102}$$

对于这组参数, 正平衡点 E 在 τ 轴中的存在性区间 $I = [0, \tau^*)$ 上保持稳定. 当 $(\tau, \tau_1) \in I \times R_+$ 时系统 (4.59) 在 E 点处稳定性的区域图可参见图 4.2.3.

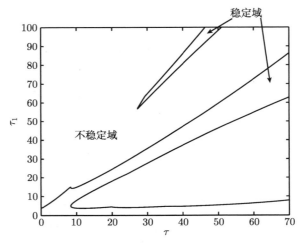

图 4.2.3   基于参数 (4.102) 下成熟期时滞、代际时滞改变导致系统 (4.59) 的正平衡点 E 处稳定–不稳定域

对一切 $\tau \in I$ 和充分小的 τ_1, 正平衡点 E 为稳定的; 对于充分小的 τ(如 $\tau \leqslant 8$), 增加 τ_1 将使得正平衡点 E 产生一次由稳定到不稳定的稳定性转换.

增加 τ 时, 正平衡点 E 将随着 τ_1 的增加而产生多次的稳定性转换. 例如, 若 $\tau > 30$, 则从 0 处增加 τ_1 将得到如下一系列的稳定性转换:

稳定–不稳定–稳定–不稳定–稳定–不稳定.

最后一种情形, 我们分析增加捕食者之间的相互干扰系数 k_2 对于系统的影响. 选取如下参数:

$$r = n = k_1 = 1, \ K = 2.6, \ b = 1.5, \ d = 0.5, \ d_j = 0.01. \tag{4.103}$$

这里, $k_2 = 0.2, 0.4, 0.6, 0.8$. 从而由图 4.2.4 可见, 系统正平衡点 E 的稳定性区域将随着 k_2 从 0.2 增加到 0.8 而相应的扩张. 图 4.2.4 显示 E 的稳定性区域的宽度将随着参数 k_2 从 0.2 增加到 0.8 而相应地增加.

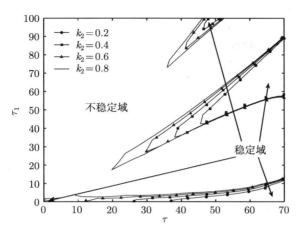

图 4.2.4　基于参数组 (4.103) 下, 不同的捕食者相互干扰系数 k_2 所对应的系统 (4.59) 在 E 处稳定性区域

特别地, 在 τ 轴上不稳定的区间将随着 k_2 增加而相应减小直到当 $k_2 = 0.8$ 时完全消失, 从而正平衡点 E 在 $\tau \in I = [0, \tau^*)$ 及 τ_1 充分小时稳定. 这个结果与上节中讨论的结果是一致的.

进一步地, 图 4.2.4 中的稳定区域图表明当 $k_2 = 0.8$ 时, 对于充分大的 τ, 增加 τ_1 则可导致正平衡点 E 处发生多次稳定性转换. 例如, 当 $\tau \geqslant 40$ 时, 将 $k_2 = 0.8$ 由 0 处开始增加 τ_1, 将产生如下多次稳定性转换:

稳定-不稳定-稳定-不稳定-稳定-不稳定.

2. 代际时滞参数 τ_1

我们取代际时滞 τ_1 作为参数. 图 4.2.5~ 图 4.2.7 中的模拟结果显示了系统 (4.59) 在时滞 τ_1 增加时的动力行为. 这里, $r = n = k_1 = 1$, $K = 1.6$, $b = 1.5$, $k_2 = 0.1$, $d = 0.5$, $\tau = 15$, $d_j = 0.01$, $x(\theta) \equiv 0.7$, $y(\theta) \equiv 0.2$, $\theta \in [-\tau - \tau_1, 0]$.

在 $\tau_1 = 1.3$ 处, 此时 τ, τ_1 处于图 4.2.1 中所显示的稳定参数域, 图 4.2.5 正平衡点是渐近稳定的, 这也与图 4.2.1 是非常一致的. 当增加 τ_1 至 1.5, 7, 9.5 及 13, 从而 τ, τ_1 处于图 4.2.1、图 4.2.2 中所示的不稳定参数域, 得到系统将分别出现不稳定的如下行为: 单周期解 ⟶ 混沌振动 ⟶ 多周期解 ⟶ 单周期解, 表明代际时滞 $\tau_1 \tau$ 的增加将导致相对上一节 (Liu S, Beretta E, 2006) 更复杂的稳定性转换现象.

3. 捕食者干扰参数 k_2

下面我们将捕食者干扰参数 k_2 作为参数, 得到系统 (4.59) 在 k_2 增加时有如图 4.2.8、图 4.2.9 所示的模拟结果. 这里, $r = n = k_1 = 1$, $K = 1.6$, $b = 1.5$, $d = 0.5$, $\tau = 15$, $d_j = 0.01$, $x(\theta) \equiv 0.7$, $y(\theta) \equiv 0.2$, $\theta \in [-\tau - \tau_1, 0]$.

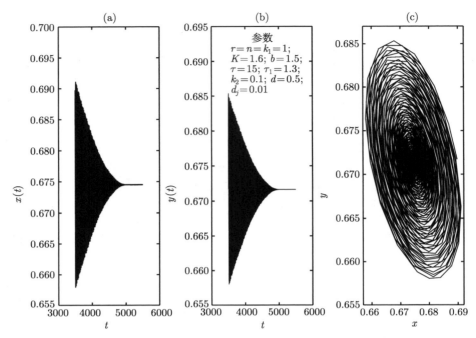

图 4.2.5   系统 (4.59) 的最终解. 代际时滞 $\tau_1 = 1.3$, 时间 $t \in [3500, 5500]$

图 4.2.8 说明对于系统 (4.59) 而言, 不同的代际时滞 τ_1 情形下, 捕食者干扰参数 k_2 的增加对于系统稳定性的影响也会不相同.

当 $\tau_1 = 13$, 在 $k_2 \in (0, 0.38)$ 时 $x(t)$ 存在垂直的最终振动区间, 表明正平衡点 E 是不稳定的. 然而即便如此, 在此区间内逐渐增加 k_2 时, 可以发现 $x(t)$ 的最终振动区间两端会越来越靠近导致该区间越来越狭窄, 直到最终在 $k_2 > 0.38$ 时 $x(t)$ 的最终振动区间萎缩成一点, 显示此时正平衡点 E 是渐近稳定的.

对于较小的 $\tau_1 = 7$, 在 k_2 从 0 增加到 18 时, $x(t)$ 总存在垂直的最终振动区间, 然而其振幅会随着 k_2 的增加而不断减小, 但是不会萎缩成一点, 这表明在此种代际时滞 τ_1 情形下, 正平衡点 E 在 k_2 的增加下总是不稳定的, 虽然该 "不稳定度" 会越来越 "小".

由图 4.2.9 可知, 当 $k_2 = 0.5$ 时, 图 4.2.9 的左边部分表明系统将出现混沌振动; 当 $k_2 = 0.8$ 时, 图 4.2.9 的右边部分表明系统将出现周期的振动, 表明捕食者干扰参数 k_2 的增加对系统的不稳定度有抑制作用.

4.2.7   讨论

在本节中, 我们提出并研究了具有代际时滞和成熟期时滞的 Beddington-DeAngelis 4.1 节中研究的仅带有成熟期时滞的系统(Liu S, Beretta E, 2006) 及 Liu

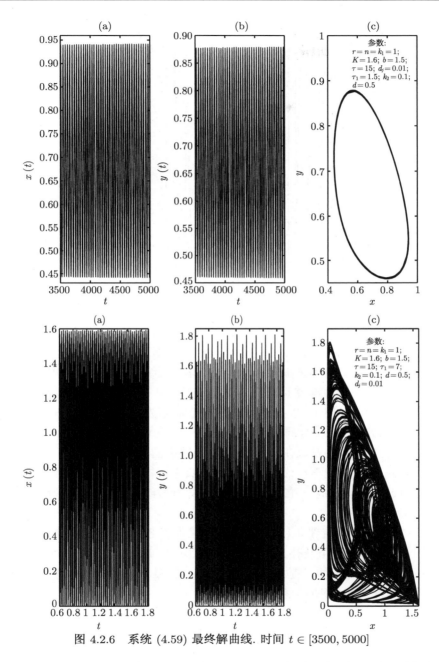

图 4.2.6 系统 (4.59) 最终解曲线. 时间 $t \in [3500, 5000]$

和 Yuan(2004) 在文献中研究的仅具有代际时滞的同类型捕食–食饵系统. 模型 (4.59) 清晰的表明了被猎食的食饵资源如何通过相连的捕食者妊娠期和幼年期最终动态地转换为成年捕食者的. 对本节内容有如下评论和新的观察:

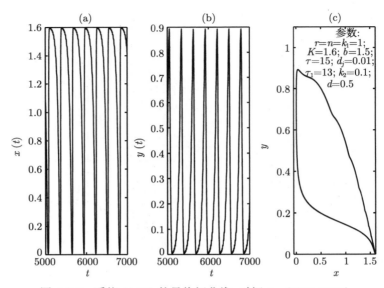

图 4.2.7   系统 (4.59) 的最终解曲线; 时间 $t \in [3500, 5000]$

(1) 与 Liu 和 Beretta (2006) 的文献中定理 3.1(即本书 4.1 节中的定理 4.10) 比较, 定理 4.10 揭示了系统 (4.59) 的捕食者灭绝同样不因引入代际时滞 τ_1 而受影响. 即在如此情况下捕食者 (包括成年、幼年捕食者) 灭绝而食饵种群密度将趋于其环境容纳量, 成年捕食者在食饵达到最丰富的情形下其补充率尚不达到其死亡率. 因此从这个意义上来说我们可以忽略捕食者的代际时滞对其灭绝的影响.

(2) 通过将定理 4.11、定理 4.12 与 Liu 和 Beretta (2006) 的文献中定理 3.2 和定理 4.1 分别比较, 我们发现在代际时滞 τ_1 足够小的情形下, 系统 (4.59) 与 Liu 和 Beretta (2006) 的文献中不含代际时滞的系统具有同样的系统永久持续生存和正平衡点全局稳定的结论. 表明小的代际时滞不破坏阶段结构系统的永久持续生存和正平衡点全局稳定.

在生物学意义上, 定理 4.11 表明, 若捕食者具有较短的妊娠期且成年捕食者在食饵达到最充沛的情形下其补充率超过其死亡率, 则此时捕食者将与食饵永久持续生存. 定理 4.12 表明若系统是永久持续生存的, 捕食者妊娠期较短, 则当捕食者之间相互干扰情况比较严重时, 系统将全局稳定.

(3) 本节让我们感兴趣的结果是考虑不太 "小" 的代际时滞 τ_1 和成熟期时滞 τ 结合在一起时是如何改变系统动力行为的. 在 4.2.6 节中的数值模拟结果显示这两个时滞的结合将带来与 Liu 和 Beretta (2006) 的文献中研究的不含代际时滞系统不同的、更复杂的行为.

(i) 图 4.2.2、图 4.2.3 清晰地显现了时滞 (τ, τ_1) 变化对系统带来的二维犬牙交错的稳定–不稳定区域. 与 Liu 和 Beretta(2006) 的文献中系统 (4.4) 中所得到的由

捕食者成熟期时滞 τ 增加所导致一维的稳定–不稳定–稳定的转换, 得到了更复杂的稳定性转换现象.

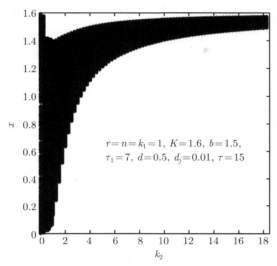

图 4.2.8 随着捕食者干扰系数 k_2 增加时, 系统 (4.59) 的捕食者解 $x(t)$ 的最终振动区间

例如, 图 4.2.2 表明时滞 τ 或 τ_1 的增加可能产生稳定性转换. 固定妊娠期时滞 $\tau = 35$, 令 τ_1 从 0 起增加, 则将得到稳定性转换序列: 稳定–不稳定–稳定–不稳定–稳定–不稳定; 若固定妊娠期时滞 $\tau_1 = 30$ 并令 τ_1 从 0 起增加, 则将得到稳定性转换序列: 不稳定–稳定–不稳定–稳定.

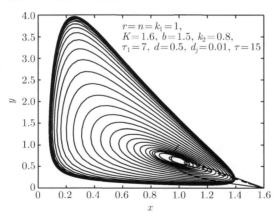

图 4.2.9 系统 (4.59) 在不同捕食者干扰系数 k_2 下的解曲线

(ii) 图 4.2.5~图 4.2.7 表明将代际时滞 τ_1 引入系统 (4.4) 将带来新的复杂动力行为, 如在图 4.2.7(左侧图) 中所察到的多倍周期振动及图 4.2.6(右侧图)、图 4.2.9(左

侧图) 中现实的混沌振动.

(iii) 图 4.2.8、图 4.2.9 及图 4.2.4 表明增加捕食者干扰参数 k_2 对系统的稳定性是有正面影响的, 这种影响体现在或者扩展系统的稳定区域 (如图 4.2.4 所示), 或者将原来不稳定的系统改变为稳定的 (图 4.2.8(左侧图)), 或者 "减少" 系统的 "不稳定性"(降低振动剧烈度, 如图 4.2.8(右侧图) 所示), 或者降低系统动力行为的 "复杂性" 程度, 如图 4.2.9 所示).

从而, 当代际时滞 τ_1 不 "小" 时, 捕食者的成熟期时滞 τ 和代际时滞 τ_1 的影响均不能忽略. 特别地, 代际时滞在使得系统动力行为更复杂方面扮演关键角色; 而另一方面, 加捕食者干扰参数 k_2 又可起到降低系统行为复杂性和 "不稳定性" 的作用. 这两个互相对立的方面被结合到一起影响这个系统, 关于这方面的研究有必要进一步深入.

4.3   小   结

本章主要以 Beddington-DeAngelis 型功能性反应的捕食–食饵系统为例, 介绍了几类阶段结构的资源–消费者系统研究结果, 主要讨论了捕食者种群 (或者食饵) 的阶段差异对该系统渐近行为的显著影响.

除了上述关于资源–消费者阶段结构模型的结果之外, Wang 和 Chen (1997) 和 Song 和 Chen (2001) 的文献分别研究了具有时滞和阶段结构捕食者的模型; Zhang 等 (2000) 则研究了一类结构捕食者具有阶段结构 (无时滞) 的模型; Song 和 Chen 考虑了食饵具有阶段结构、捕食者只捕食成年食饵而忽略幼年食饵的模型; Magnnusson(1997, 1999) 考虑了一类结构捕食者具有阶段结构、成年捕食者自食幼年捕食者的模型, 以上文献分别得到了这些模型解的渐进行为的充分条件; Georgescu 和 Hsieh(2007) 研究了一类非时滞型的捕食者具有阶段结构的捕食–食饵模型, 该模型具有非线性功能性反应函数, 通过构造 Liapunov 函数方法, 作者获得了系统正平衡点全局渐近稳定的充分条件, 同时还得到了系统稳定的正周期解存在性的充分条件.

尽管关于阶段结构资源–消费者系统的研究比较广泛也比较深入, 然而作者认为, 仍然有许多领域值得研究, 作者提出以下几例供读者参考.

4.3.1   基于实际生物背景的新模型研究

比如, Liu 和 Beretta(2006); Georgescup 和 Hsieh (2007) 的文献中, 也就是捕食者具有阶段结构的模型中, 关于幼年捕食者种群完全不具备捕食能力、繁殖能力的假设就很值得商榷, 事实上很多种群的幼年也具有的某种捕食能力 (Al-Omari J, Gourley S, 2003). 因此, 考虑幼年、成年捕食者具有共同的但有区分的捕食能力及繁殖能力, 进而考虑这些能力的阶段差异对于物种繁衍的影响, 可能是一个有意义的研究领域.

4.3.2　现有工作的数学提升

现有阶段结构资源–消费者系统的研究主要分为时滞型和非时滞型两种. 对于时滞型模型, 尽管对于局部稳定性、分支理论有很成熟的工具和理论. 然而, 由于时滞微分方程全局渐近性的工具缺陷, 使得人们在处理该类模型的全局渐近性结果时往往束手无策. 本章文献 (Liu S, Beretta E, 2006) 虽然得到了系统的全局渐近稳定性, 但是我们应该看到, 该系统研究中采用的单调迭代序列法仅对形如 Beddington-DeAngelis 型功能性反应等少数类型捕食–食饵模型适用, 对于其他模型, 如 H2 型功能性反应模型的全局渐近性问题, 尚无特别有效地办法.

不过, 近来, Li 等 (2010) 及 McCluskey(2008, 2009) 等通过构造特殊 Liapunov 函数处理时滞微分方程, 已经在一些问题上获得了非常好的结果. 该类型 Liapunov 函数大致可以分为两部分, 一部分是对应常微分方程系统的 Liapunov 函数, 另一部分就是处理系统时滞项的. 将上述文献中的方法应用到已有阶段结构资源–消费者系统进而提升现有分析结果, 是很有意义的.

第5章　具有空间扩散的阶段结构模型

与 2.2 节中讨论的常微分方程形式的物种迁移模型不同, 本章考虑物种的空间扩散模型, 两者的主要区别在于, 前者假定物种在单个封闭的环境内部扩散过程非常快, 由此物种在该区域内部各个位置的密度均相等, 无空间差别; 而空间扩散模型则承认并体现物种在区域不同位置密度数量的差异, 由此在数学建模的工具上, 需要引入反应扩散方程来描述这一现象. 空间扩散阶段结构模型中, 物种的阶段差异除了前文提到的在繁殖、竞争、捕食等方面差异之外, 其空间扩散能力也有显著差异, 考虑这种差异并分析该因素对系统发展规律的影响是有意义的. 类似于本书第 1 章关于时滞、非时滞型两种基本阶段结构模型的划分, 具有空间扩散的阶段结构模型也可以分为时滞、非时滞型两种基本阶段结构模型. 在本章内容中, 我们主要介绍前者, 特别介绍 Du 等 (2008) 在文献中研究的捕食者具有阶段结构的扩散模型, 对于时滞型阶段结构反应扩散模型仅作简单介绍.

5.1　非时滞型连续扩散阶段结构模型研究

关于非时滞型连续扩散阶段结构模型研究近来有不少文献 (Du Y H, Pang P Y H, Wang M X, 2008; Wang M X, 2008). 在 Du 等 (2008) 的文献中, Du 等研究了捕食者具有阶段结构的扩散模型. 记 x, y 分别表示食饵、捕食者物种的密度, 考虑如下常微分方程的捕食食饵模型:

$$\begin{cases} \dfrac{\mathrm{d}x}{\mathrm{d}t} = Ax - Bx^2 - Cxy, & t > 0, \\ \dfrac{\mathrm{d}y}{\mathrm{d}t} = -My + Kxy, & t > 0. \end{cases} \tag{5.1}$$

若将捕食者 y 分为两部分: 幼年捕食者物种 y_1、成年捕食者物种 y_2, 即 $y = y_1 + y_2$. 类似于 Georgescup 和 Hsieh(2007) 的文献中的建模过程, 假定幼年捕食者不具有繁殖能力, 也不具有捕食能力, 易知其对应的阶段结构模型如下:

$$\begin{cases} \dfrac{\mathrm{d}x}{\mathrm{d}t} = Ax - Bx^2 - \varepsilon Cxy_1 - Cxy_2, & t > 0, \\ \dfrac{\mathrm{d}y_1}{\mathrm{d}t} = Kxy_2 - Dy_1 - My_1, & t > 0, \\ \dfrac{\mathrm{d}y_2}{\mathrm{d}t} = Dy_1 - Py_2, & t > 0. \end{cases} \tag{5.2}$$

对于系统 (5.2) 进行无量纲化

$$u = \frac{B}{M+D}x, \quad v = \frac{C}{M+D}y_1, \quad w = \frac{C}{M+D}y_2, \quad \tau = (M+D)t,$$

仍以 t 表示 τ, 系统 (5.2) 变为

$$\begin{cases} \dfrac{\mathrm{d}u}{\mathrm{d}t} = au - u^2 - \varepsilon uv - uw, & t > 0, \\[2mm] \dfrac{\mathrm{d}v}{\mathrm{d}t} = kuw - v, & t > 0, \\[2mm] \dfrac{\mathrm{d}w}{\mathrm{d}t} = bv - mw, & t > 0, \end{cases} \qquad (5.3)$$

其中

$$a = \frac{A}{M+D}, \quad b = \frac{D}{M+D} < 1, \quad k = \frac{K}{B}, \quad m = \frac{P}{M+D}.$$

易知系统 (5.3) 具有非负平衡点 $\boldsymbol{u}_0 = (0,0,0)$ 及 $\boldsymbol{u}_a = (a,0,0)$, 且系统 (5.3) 具有正平衡点的充要条件是 $m < abk$, 在该条件下系统唯一正平衡点为

$$\tilde{\boldsymbol{u}} = (\tilde{u}, \tilde{v}, \tilde{w}), \quad \tilde{u} = \frac{m}{bk}, \quad \tilde{v} = \frac{m(abk-m)}{bk(b+m\varepsilon)}, \quad \tilde{w} = \frac{abk-m}{k(b+m\varepsilon)}. \qquad (5.4)$$

考虑捕食者、食饵物种在有界区域 Ω 内的空间差异, 由系统 (5.3) 可得其相应的反应扩散模型:

$$\begin{cases} u_t - d_1 \Delta u = au - u^2 - \varepsilon uv - uw, & x \in \Omega, \ t > 0, \\[2mm] v_t - d_2 \Delta v = kuw - v, & x \in \Omega, \ t > 0, \\[2mm] w_t - d_3 \Delta w = bv - mw, & x \in \Omega, \ t > 0, \\[2mm] \dfrac{\partial u}{\partial \nu} = \dfrac{\partial v}{\partial \nu} = \dfrac{\partial w}{\partial \nu} = 0, & x \in \partial\Omega, \ t > 0, \\[2mm] w(x,0) \geqslant 0, \ v(x,0) \geqslant 0, \ w(x,0) \geqslant 0, & x \in \Omega, \end{cases} \qquad (5.5)$$

其中, $\Omega \subset \mathbb{R}^N$ 为具有光滑边界 $\partial\Omega$ 的有界域, 系统 (5.5) 中的齐次 Neumann 边界条件表明物种处于自封闭的区域 Ω 中. 扩散系数 d_1, d_2 及 d_3 均为正常数, 表明成年与幼年捕食者在扩散能力方面存在差异. 显然, 由 (5.4) 式给定的 $(\tilde{u}, \tilde{v}, \tilde{w})$ 为系统 (5.5) 唯一的正平衡解. 可证若系统 (5.5) 初始条件 $u(x,0)$, $v(x,0)$, $w(x,0)$ 非平凡, 则系统具有唯一、正的古典解.

文献 Du Y H 等 (2008) 还考虑了系统 (5.5) 具有交叉扩散的情形:

$$
\begin{cases}
u_t - d_1\Delta u = G_1(\boldsymbol{u}), & x \in \Omega,\ t > 0, \\[2mm]
v_t - \Delta\Big(d_2 v + \dfrac{d_4 v}{\sigma + w^2}\Big) = G_2(\boldsymbol{u}), & x \in \Omega,\ t > 0, \\[2mm]
w_t - d_3\Delta w = G_3(\boldsymbol{u}), & x \in \Omega,\ t > 0, \\[2mm]
\dfrac{\partial u}{\partial \nu} = \dfrac{\partial v}{\partial \nu} = \dfrac{\partial w}{\partial \nu} = 0, & x \in \partial\Omega,\ t > 0, \\[2mm]
w(x,0) \geqslant 0,\ v(x,0) \geqslant 0,\ w(x,0) \geqslant 0, & x \in \Omega.
\end{cases}
\tag{5.6}
$$

5.1.1　ODE 阶段结构系统 (5.3) 的渐近性质

定理 5.1　若 $m > abk$, 则系统(5.3) 的任意具有 $u \not\equiv 0$ 的解 (u,v,w) 均满足

$$
\lim_{t\to\infty}(u,v,w) = (a,0,0).
$$

定理 5.2　若 $m < abk$, 则平衡点 $\mathbf{u}_a$ 是不稳定的, 进一步地

(i) 若

$$
b \leqslant \varepsilon\Big(1 + \frac{m}{bk}\Big),
\tag{5.7}
$$

则 $\tilde{u}$ 是渐近稳定的;

(ii) 若 (5.1) 不成立, 则存在唯一的 $a^* > \dfrac{m}{bk}$(其值依赖于 ε, b, k 及 m), 使得对一切 $a \in \Big(\dfrac{m}{bk}, a^*\Big)$, $\tilde{u}$是渐近稳定的, 而当 $a > a^*$ 时不稳定; 特别地, 在 a 穿过 $a = a^*$ 处时, $\tilde{u}$ 产生分支现象.

5.1.2　PDE 阶段结构系统 (5.5) 中 u_a 与 $\tilde{u}$ 的稳定性

定理 5.3　若 $m < abk$, 则系统(5.5)的正常数平衡解 $\tilde{u}$ 线性稳定; 若 (5.1) 成立, 或 (5.1) 不成立, 但满足 $a \in \Big(\dfrac{m}{bk}, a^*\Big)$, 则 $\tilde{u}$ 渐近稳定; 若 (5.1) 不成立, 且 $a > a^*$, 则 $\tilde{u}$ 不稳定.

5.1.3　非常数正解的不存在性

在本节中, 将证明若 $d_4 = 0$, 则当 d_1 充分大时, 问题 (5.6) 没有非常数正解. 当 $d_4 = 0$ 时, 问题 (5.6) 变成如下形式:

$$
\begin{cases}
-d_1\Delta u = au - u^2 - \varepsilon uv - uw, & x \in \Omega, \\[2mm]
-d_2\Delta v = kuw - v, & x \in \Omega, \\[2mm]
-d_3\Delta w = bv - mw, & x \in \Omega, \\[2mm]
\dfrac{\partial u}{\partial \nu} = \dfrac{\partial v}{\partial \nu} = \dfrac{\partial w}{\partial \nu} = 0, & x \in \partial\Omega.
\end{cases}
\tag{5.8}
$$

定理 5.4 令参数 d_2, d_3, a, b, k, m 及 ε 为固定的正常数, 且 $m < abk$, 则存在正常数 $\hat{d}_1$, 使得当 $d_1 \geqslant \hat{d}_1$ 时, 问题 (5.2) 没有非常数正解.

5.1.4 稳定模态的存在性

记

$$\lim_{d_4 \to \infty} \tilde{\mu}_3(d_4) = \frac{-a_2(\sigma, d_1) + \sqrt{a_2^2(\sigma, d_1) - 4a_1(\sigma)a_3(\sigma, d_1)}}{2a_3(\sigma, d_1)} \triangleq \tilde{\mu} > 0. \tag{5.9}$$

定理 5.5 令参数 $d_1, d_2, d_3, a, b, k, m, \varepsilon$ 及 σ 为固定的正常数, 且满足 $m < abk$ 及 $\sigma < \bar{w}^2$. 取 $\tilde{\mu}$ 为 (5.3) 式中所定义的极限. 若 $\tilde{\mu} \in (\mu_n, \mu_{n+1})$ 对某个 $n \geqslant 2$ 成立且和式 $\sum_{i=2}^{n} \dim E(\mu_i)$ 是奇数, 则存在正常数 d_4^*, 使得若 $d_4 \geqslant d_4^*$, 则系统 (5.8) 至少有一个非常数正解.

定理 5.6 令参数 $d_2, d_3, d_4, a, b, k, m, \varepsilon$ 及 σ 为固定的正常数, 且满足 $m < abk$ 并且 (5.9) 式成立. 取 $\bar{\mu}$ 为 (5.9) 式中所定义的极限. 若 $\bar{\mu} \in (\mu_n, \mu_{n+1})$ 对某个 $n \geqslant 2$ 成立且和式 $\sum_{i=2}^{n} \dim E(\mu_i)$ 是奇数, 则存在正常数 d_1^*, 使得若 $d_1 \geqslant d_1^*$, 则系统 (5.8) 至少有一个非常数正解.

5.1.5 交叉扩散的非时滞型阶段结构模型研究

Du 等 (2008) 提出并考虑了捕食者具有阶段结构的捕食食饵扩散模型. 经典的 Lotka-Volterra 捕食食饵系统如下:

$$\begin{cases} \dot{x}(t) = Ax(t) - Bx^2(t) - Cx(t)y(t), \\ \dot{y}(t) = Kx(t)y(t) - My(t), \end{cases} \tag{5.10}$$

其中, $x(t)$ 为 t 时刻食饵的密度, $y(t)$ 为 t 时刻捕食者的密度.

5.2 时滞型连续扩散阶段结构模型研究

Al-Omari 和 Gourley (2003) 研究了较系统 (3.7) 更一般的阶段结构竞争系统如下:

$$\begin{cases} \dot{x}_1(t) = b_1 \int_0^\infty f_1(s)\mathrm{e}^{-d_1 s} x_1(t-s)\mathrm{d}s - a_{11}x_1^2(t) - a_{12}x_1(t)x_2(t), \\ \dot{x}_2(t) = b_2 \int_0^\infty f_2(s)\mathrm{e}^{-d_2 s} x_2(t-s)\mathrm{d}s - a_{21}x_1(t)x_2(t) - a_{22}x_2^2(t), \end{cases} \tag{5.11}$$

其中, $x_i(t)$ 为种群 i 的成年种群 $(i = 1, 2)$, 与模型 (3.7) 不同的是, 系统 (5.5) 假定幼年可能在出生后的任意年龄 s 成熟, 种群 i 的幼年在年龄 s 成熟的概率为 $f_i(s)$,

且满足 $\displaystyle\int_0^\infty f_i(s)\mathrm{d}s = 1$, $\mathrm{e}^{-d_i s}$ 是种群 i 的幼年在时间 $t-s$ 出生后到时刻 t 成熟时的残存率.

Al-Omari 和 Gourley (2003) 得到了关于系统 (5.5) 解的渐近行为的结果, 推广了 Al-Omari 和 Gourley(2003) 的文献中的相应结果. 进一步地, Al-Omari 和 Gourley(2003) 在模型 (3.7) 的基础上提出了具有反应扩散的阶段结构竞争模型, 其基本假设是成年种群具有空间扩散能力, 而幼年种群不能扩散. 其模型如下:

$$
\begin{cases}
\dot{x}_1(t) = D_1\dfrac{\partial^2 x_1(t)}{\partial x^2} + b_1\mathrm{e}^{-d_1\tau_1}x_1(t-\tau_1) - a_{11}x_1^2(t) - a_{12}x_1(t)x_2(t), \\[3mm]
\dot{x}_2(t) = D_2\dfrac{\partial^2 x_2(t)}{\partial x^2} + b_2\mathrm{e}^{-d_2\tau_2}x_2(t-\tau_2) - a_{21}x_1(t)x_2(t) - a_{22}x_2^2(t),
\end{cases}
\tag{5.12}
$$

其中, $\dfrac{\partial^2 x_i(t)}{\partial x^2}$ 是反应扩散项, D_i 是扩散系数. Al-Omari 和 Gourley(2003) 得到了系统 (5.6) 存在连接平衡点 $(x_1^*,0)$ 和平衡点 $(0,x_2^*)$ 的行波解的充分条件.

这里要指出的是, 考虑反应扩散的阶段结构竞争系统, 并非一定要假定幼年种群不具备扩散能力. 如果假定幼年种群也具有某种空间扩散能力 (比如说, 较成年种群更弱的某种扩散能力), 按照模型 (5.5) 的建模方法, 我们也可以建立相应的模型.

第6章   其他阶段结构模型研究

6.1   阶段结构流行病模型研究

流行病动力模型是生物数学研究中的重要领域 (马知恩, 1996), 在经典的流行病动力模型中, 种群的阶段差异对易感人群 (种群)、染病人群 (种群) 等感染、传播疾病方面的影响常常被忽略 (Emmert K E, Allen L J S, 2004; Xiao Y N, Chena L S, Ven Den Boschb F, 2002, Li J Q, Ma Z E, Zhang F Q, 2008). 事实上种群不同阶段感染、传播疾病的能力差异非常大, 如有的疾病只在幼年阶段传播并不涉及成年阶段, 有些流行病则刚好相反 (Emmert K E, Allen L J S, 2004); 此外, 有的疾病具有几个阶段, 不同阶段感染能力、治愈率也有不同 (Li J Q, Ma Z E, Zhang F Q, 2008). 阶段差异对流行病系统如何影响, 如何影响其基本再生素, 这是流行病研究中令人感兴趣的问题. 在本章中, 我们分别介绍以上述文献为代表的这方面研究.

6.2   幼年病 SIR 模型研究

在 Xiao 等 (2002) 的文献中, Xiao 等研究了一类幼年病 SIR 模型. 在该模型中, 记 $x_1(t)$, $x_2(t)$, $x_3(t)$ 分别代表幼年易感者、幼年染病者、幼年移出者的密度, $y(t)$ 为不受疾病影响的成年人群. 假定疾病仅在幼年人群中传播, 而成年人群不感染、传播疾病. 除此之外, 文献中提出如下假设:

(1) 成年人口的繁殖率为正常数 α, 新出生人口中的 $\beta(0 < \beta < 1)$ 部分为幼年移出者 $x_3(t)$, 即具有免疫力, 其余 $1 - \beta$ 部分为幼年易感者 $x_1(t)$;

(2) 假定幼年期为 $\tau > 0$, 并假定只有幼年移出者才可能成年, 成年人群满足 Logistic 增长规律, 成年人均有生育率.

在以上假定下, Xiao(2002) 提出了如下具有阶段结构的 SIR 模型:

$$\begin{cases} \dot{x}_1(t) = \alpha(1 - \beta)y(t) - r_1 x_1(t) - b_1 x_1(t)x_2(t), \\ \dot{x}_2(t) = b_1 x_1(t)x_2(t) - b_2 x_2(t) - r_2 x_2(t), \\ \dot{x}_1(t) = b_2 x_2(t) + \alpha\beta y(t) - \alpha\beta e^{-r_3\tau}y(t - \tau) - r_3 x_3(t), \\ \dot{y}(t) = \alpha\beta e^{-r_3\tau}y(t - \tau) - r_4 y^2(t). \end{cases} \quad (6.1)$$

这里, 所有系数均为正常数, r_1, r_2, r_3 分别表示幼年易感者、幼年染病者、幼年移出者的死亡率, b_1, b_2 分别表示幼年染病者的传染率、治愈率, r_4 表示成年人群的密度制约系数.

Xiao 等 (2002) 主要研究了系统 (6.1) 中疾病消除的条件, 即系统的基本再生素 R_0, 研究了系统的稳定性, 并讨论了幼年期时滞作为参数的阶段结构策略.

定义 $R_0 = \dfrac{b_1 \alpha^2 \beta (1-\beta) \mathrm{e}^{-r_3 \tau}}{r_1 r_4 (b_2 + r_2)}$, 则有如下定理 (Xiao (2002) 的文献中定理 3.2):

定理 6.1　若 $R_0 < 1$, 则系统 (6.1) 中疾病消除平衡点全局吸引.

注意系统 (6.1) 中, $R_0 > 1$ 是其正平衡点存在的充要条件, 故以上结论表明, 若系统正平衡点不存在, 则疾病消除.

此外, 文献 Xiao 等 (2002) 的文献还得到系统地方病平衡点全局吸引的充分条件, 并在正平衡点全局吸引的情形下, 讨论了幼年期时滞 τ 对系统总人口密度的影响, 得到使得系统总人口最大的最优阶段结构策略. 这一讨论是通过考虑系统此时依赖于幼年期时滞 τ 的总人口密度函数来实现的. 从 Xiao 等 (2002) 的文献中的结论我们可以得到阶段结构对疾病流行控制有着重要的影响, 表现在直接减小系统的基本再生素、改变系统全局稳定的条件等.

6.3　离散的阶段结构 SIR 模型研究

我们知道, 在种群动力模型研究中, 除了研究世代重叠种群、以微分方程作为数学形式的连续模型之外, 还存在研究世代不重叠种群、以差分方程作为数学形式的离散模型. 阶段差异对离散流行病模型将带来什么影响, Emmert 和 Allen(2004) 研究了种群具有不同阶段结构的复杂的离散 SIR 模型. 该模型简要假设如下 (Emmert K E, Allen L J S, 2004):

(1) 所研究种群具有如下三个彼此相连的发展阶段: 蛹 (larva)、幼体 (juvenile)、成年 (adult), 其在时刻 n 的密度分别记为 $L(n), J(n), A(n)$.

(2) 该流行病模型为 SIR 型, 分别记 $S(n), I(n), R(n)$ 为时刻 n 处总易感者、总染病者、总移出者的密度, 并令 L_S, L_I, L_R 分别记为易感者蛹、染病者蛹、移出者蛹, J_S, J_I, J_R 分别记为幼体易感者、幼体染病者、幼体移出者, A_S, A_I, A_R 分别记为成年易感者、成年染病者、成年移出者. 因此, 该模型中有 9 个变量.

(3) 系统在每一个单位时间后种群各发展阶段之间改变顺序: 蛹 ⇒ 幼体 ⇒ 成年 ⇒ 蛹, 即成年个体繁殖蛹, 蛹到了一定阶段成长为幼体, 幼体经历成长为成年.

(4) 疾病在各类人群之间传播有如下两种形式:

(i) 按照种群前后发展阶段顺序进行的前后传播;

易感者蛹 L_S 的出生来源于成年易感者 A_S 和成年移出者 A_R 的繁殖; 未被感染的易感者蛹 L_S 孵化后可长成幼体易感者 J_S; 未被感染的幼体易感者 J_S 成熟后可发展为成年易感者 A_S;

另一方面, 成年易感者 A_I 繁殖的蛹为染病者蛹 L_I; 未被治愈的染病者蛹 L_I

孵化后可长成幼体染病者 J_I; 未被治愈的幼体染病者 J_I 成熟后可发展为成年染病者 A_I;

而假定移出者蛹 L_R 仅来源于被治愈的染病者蛹 L_I; 不过, 移出者蛹 L_R 孵化后可长成幼体移出者 J_R; 幼体移出者 J_R 成熟后可发展为成年移出者 A_R.

(ii) 水平传播, 即在种群的同一阶段内各疾病状态群落内按照 SIR 模型关系产生的疾病传播、治愈.

在上述假定下, Emmert 和 Allen(2004) 在文献中提出了离散的阶段结构 SIR 模型如下:

$$
\left\{
\begin{aligned}
&L_S(n+1) = L_S(n) \cdot p_{LS}\mathrm{e}^{-\beta_L \omega \cdot I(n)} + B_S(T(n))A_S(n) + B_R(T(n))A_R(n), \\
&L_I(n+1) = L_S(n) \cdot p_{LS}[1 - \mathrm{e}^{-\beta_L \omega \cdot I(n)}] + B_I(T(n))A_I(n) + p_{LI}L_I(n), \\
&L_R(n+1) = p_L L_I(n) + p_{LR}L_R(n), \\
&J_S(n+1) = q_{LS}L_S(n) + J_S(n)p_{JS}\mathrm{e}^{-\beta_J \omega \cdot I(n)}, \\
&J_I(n+1) = q_{LI}L_I(n) + J_S(n)p_{JS}[1 - \mathrm{e}^{-\beta_J \omega \cdot I(n)}] + p_{JI}J_I(n), \\
&J_R(n+1) = q_{LR}L_R(n) + p_J J_I(n) + p_{JR}J_R(n), \\
&A_S(n+1) = J_S(n)q_{JS} + A_S(n)p_{AS}\mathrm{e}^{-\beta_A \omega \cdot I(n)}, \\
&A_I(n+1) = J_I(n)q_{JI} + A_S(n)p_{AS}[1 - \mathrm{e}^{-\beta_A \omega \cdot I(n)}] + p_{AI}A_I(n), \\
&A_R(n+1) = J_R(n)q_{JR} + p_A A_I(n) + p_{AR}A_R(n),
\end{aligned}
\right.
\tag{6.2}
$$

这里, $\mathrm{e}^{-\beta_L \omega \cdot I(n)}, \mathrm{e}^{-\beta_J \omega \cdot I(n)}, \mathrm{e}^{-\beta_A \omega \cdot I(n)}$ 分别表示 n 到 $n+1$ 时刻内易感者蛹、幼体易感者、成年易感者未被同阶段内染病者所感染的概率, $B_j(T(n)), j = S, I, R$ 分别表示 n 时刻成年易感者、成年染病者、成年移出者的繁殖率.

由于系统 (6.2) 的复杂性, Emmert 和 Allen(2004) 对该模型按照如下步骤进行: 首先考虑系统在没有阶段结构的情形; 其次考虑系统只具有幼体、成年两个发展阶段的情形; 对于系统 (6.2), 则首先考虑系统疾病消除后的子系统的全局吸引性, 最后对整个系统用数值分析的方法研究其动力行为.

6.4　脉冲的阶段结构模型研究简介

我们知道连续的生命现象可以用连续的动力模型来建模. 与此同时, 人们发现有许多生命现象的发生及人们对某些生命现象的优化控制不是一个连续的过程, 不能单纯用微分方程或是差分方程来进行描述 (陈征一, 周义仓, 2006). 另一方面, 由于自然界中不存在任何独立生存的生物. 任何生物都会受到各种瞬间作用的影响而使系统变量或增长规律发生突然改变 (Laksmikantham V, Bainov D D, Simeonov P S, 1989). 常见的瞬间作用因素包括 (唐三一, 肖燕妮, 2008):

(1) 诸如战争、地震、气候等外在因素导致物种内在的生命特征发生改变;

(2) 物种发展到某种临界状态下发生瞬时改变的内在规律;

(3) 人为的瞬间控制.

脉冲微分或差分方程是描述某些运动状态在固定或不固定时刻的快速变化或跳跃, 因此脉冲微分或差分方程对上述的瞬间作用因素给出了一个自然的描述 (唐三一, 肖燕妮, 2008). 同样的, 对于存在阶段差异的种群系统中的瞬间行为, 通过建立具有阶段结构的脉冲微分或差分方程数学模型, 很好的兼顾了系统的瞬时行为及其阶段差异.

在本节中, 我们介绍 Zhang 等 (2008) 研究的对成年染病者进行脉冲捕杀的动力模型. 有关脉冲阶段结构模型的其他问题读者还可参阅 Gao 和 Chen(2006), 陆政一和周义仓 (2006), 唐三一和肖燕妮 (2008), 陆政一和王稳地 (2008), Song 和 Xiang(2006) 等的文献.

Zhang 等 (2008) 的文献中所考虑的脉冲阶段结构流行病模型分别由三个部分组成: 幼年、成年易感者、成年染病者, 分别记 $x_1(t), x_2(t), y(t)$ 为其在 t 时刻密度. Zhang 等 (2008) 的文献模型假定如下:

假定 (A1) 对于种群, 假定其死亡率与其密度成正比, 设 γ, η, ω 分别为幼年、成年易感者、成年染病者的死亡率. 假定仅成年染病者具有繁殖能力, 而成年染病者则因病失去繁殖能力. 假定 $B(\cdot)$ 为成年易感者的生育率函数, 且 $B(\cdot)$ 满足

(a1) $B(x2) > 0$;

(a2) $B(x_2) \in C^2((0, \infty), (0, \infty))$ 且 $B'(x_2) < 0$;

(a3) $\lim_{x_2 \to \infty} B(x_2) = B(\infty), B(0^+) > \eta > \overline{\delta} > B(\infty), \overline{\delta} \doteq \frac{1}{2} \min\{\eta, \gamma, \omega\}$.

假定 (A2) 存在常数成熟期 τ, $\mathrm{e}^{-\gamma\tau} B(x_2(t - \tau))x_2(t - \tau)$ 表示在时刻 $t - \tau$ 处出生并且存活过了其幼年期 $(t - \tau, t)$ 的幼年数目, 这部分幼年个体在时刻 t 将成长为成年易感者.

假定 (A3) 假定疾病的发生率函数为一般的函数 $\beta x_2(tu)f(y), \beta > 0$, 其中 $f(y)$ 满足

(i) $f(0) = 0$;

(ii) $f'(y) > 0$;

(iii) $f''(y) \leqslant 0$.

假定 (A4) 假定幼年个体由于其生长阶段内受卵壳等因素的保护而避免感染

疾病.

假定 (A5)   假定成年易感者的防治是周期性、脉冲式的.

根据以上假定, Zhang 等 (2008) 在文献中提出了如下模型:

$$
\begin{cases}
\dot{x}_1(t) = B(x_2(t))x_2(t) - \gamma x_1(t) - \mathrm{e}^{-\gamma\tau}B(x_2(t-\tau))x_2(t-\tau), \\
\dot{x}_2(t) = \mathrm{e}^{-\gamma\tau}B(x_2(t-\tau))x_2(t-\tau) - \beta x_2(t)f(y(t)) - \eta x_2(t), \\
\dot{y}(t) = \beta x_2(t)f(y(t))) - \omega y(t), \\
\Delta y(t) = \mu, \quad t = kT, \quad k = 1, 2, \cdots,
\end{cases}
\tag{6.3}
$$

其中, $t > 0$, $t \neq kT$.

系统 (6.3) 的初始条件为

$$
\begin{cases}
(x_1(t), x_2(t), y(t)) = (\varphi_1(t), \varphi_2(t), \varphi_3(t)) \in C_3^+, \quad t \in [-\tau, 0], \; \varphi_i(0) > 0, \; i = 1, 2, 3, \\
\varphi_1(0) = \displaystyle\int_{-\tau}^{0} \mathrm{e}^{\gamma\theta}B(\varphi_2(\theta))\varphi_2(\theta)\mathrm{d}\theta,
\end{cases}
\tag{6.4}
$$

其中, $C_3^+ \doteq C[-\tau, 0], R_+^3, R_+^3 \doteq (z_1, z_2, z_3): z_i \geqslant 0, \; i = 1, 2, 3,$ 而 $\Delta y(t) = y(t^+) - y(t), \mu > 0$.

系统 (6.3) 具有与其他时滞型阶段结构类似的特点, 就是系统的变量 $x_1(t)$ 完全由系统的其他变量确定, 且第二、三、四个方程能够组成独立的子系统. 通过研究该子系统, Zhang 等 (2008) 在文献中得到了关于疾病消除及系统永久持续生存的定理如下:

定理 6.2   若系统 (6.3) 满足条件

$$
\mu > \mu^* \doteq (\mathrm{e}^{wT} - 1)f^{-1}\left(\frac{\mathrm{e}^{-\gamma\tau}B(0) - \eta}{\beta}\right),
$$

则系统疾病消除, 且系统幼年、成年易感者全局吸引.

定理 6.3   若系统 (6.3) 满足条件

$$
\mu < \mu_* \doteq \frac{(\mathrm{e}^{wT} - 1)}{\mathrm{e}^{wT}}f^{-1}\left(\frac{\mathrm{e}^{-\gamma\tau}B(0) - \eta}{\beta}\right),
$$

则系统是永久持续生存的.

定理 6.2、6.3 表明阶段结构影响系统的疾病消除、永久持续生存. 比如, 保持其他参数不变的情况下, 增加种群常数成熟期 τ 将使得 μ^* 减小, 使得系统疾病消除的充分条件更容易满足; 相反地, 减小种群常数成熟期 τ 将使得 μ_* 增加, 使得系统永久持续生存的充分条件更容易满足.

　　Zhang 等 (2008) 指出, 当 $\mu \in [\mu_*, \mu^*]$ 时, 系统究竟是永久持续生存还是染病者灭绝呢? 这个动力行为并不清楚. 事实上, 这个"上下阈值"不重叠的问题在其他一些时滞脉冲系统都是尚未解决的问题 (Zhang T L, Teng Z D, 2008). 要研究系统相参数 μ 在不重叠"上下阈值"之间的动力行为, 需要新的方法. Zhao(2003) 的文献和 Zhao X Q 即将出版的"无穷维动力系统"一书中的一致排斥理论似乎是可行的途径.

参 考 文 献

陈兰荪. 1988. 数学生态学模型及研究方法. 北京: 科学出版社.

陈兰荪, 陈键. 1993. 非线性生物动力系统. 北京: 科学出版社.

陈兰荪, 王东达, 杨启昌. 2000. 阶段结构种群动力学模型. 北华大学学报, 1:185–191.

陈兰荪, 孟新柱, 焦建军. 2009. 生物动力学. 北京: 科学出版社.

陈兰荪, 陈键. 1993. 非线性生物动力系统. 北京: 科学出版社.

陈兰荪, 宋新宇, 陆征一. 2004. 数学生态学模型与研究方法. 成都: 四川科学技术出版社.

陆征一, 周义仓. 2006. 数学生物学进展. 北京: 科学出版社.

陆征一, 王稳地. 2008. 生物数学前沿. 北京: 科学出版社.

马知恩. 1996. 种群生态学的数学建模与研究. 合肥: 安徽教育出版社.

马知恩, 周义仓, 王稳地等. 2004. 传染病动力学的数学建模及研究. 北京: 科学出版社.

唐三一, 肖燕妮. 2008. 单种群生物动力系统. 北京: 科学出版社.

滕志东, 陈兰荪. 1999. 高维时滞周期的 Kolmogorov 系统的正周期解. 应用数学学报, 22: 446–456.

Abrams P A, Walters C J. 1996. Invulnerable prey and the statics and dynamics of predator-prey interaction. Ecology, 77: 1125–1133.

Abrams P A, Ginzburg L R. 2000. The nature of predation: prey dependent, ratio dependent or neither? TREE, 15: 337–341.

Agarwal R P. 1992. Difference Equations and Inequalities: Theorey, Methods and Applications. New York: Marcel Dekker Inc.

Agur Z, Cojocaru L, Anderson R, et al. 1993. Pulse mass measles vaccination across age cohorts. Proc Natl Acad Sci USA, 90: 11698–11702.

Ahmad S, Lazer A C. 1994. One species extinction in an autonomous competition model. Proceedings of the World Congress on Nonlinear Analysis.

Ahmad S, Montes de Oca F. 1998. Extinction in nonautonomous T-periodic competitive Lotka-Volterra systems. Appl Math Comput, 90: 155–166.

Ahmad S, Lazer A C. 1998. Necessary and Sufficient average growth in a Lotka-Volterra system. Nonl. Anal, 34: 191–228.

Ahmad S. 1999. Extinction of species in nonautonomous Lotka-Volterra systems. Proc Amer Math Soc, 127: 2905–2910.

Ahmad S, Lazer A C. 2000. Average conditions for global asymptotic stability in nonautonomous Lotka-Volterra system. Nonl Anal, 40: 37–49.

Ahamad S. 1993. On the nonautonomous Volterra-Lotka competitive equations. Proc Amer Math Soc, 117: 199–205.

Aiello W G, Freedman H I. 1990. A time-delay model of single species growth with stage structure. Math Biosci, 101: 139–153.

Aiello W G, Freedman H I, Wu J H. 1992. Analysis of a model representing stage–structured populations growth with state-dependent time delay. SIAM J Appl Math, 3: 855–869.

Al-Omari J, Gourley S. 2003. Stability and traveling fronts in Lotka-Volterra competition models with stage structure. SIAM J Appl Math, 63: 2063–2086.

Andrewartha H G, Birth L C. 1954. The Distribution and Abundance of Animals. Chicago: University of Chicago Press.

Arditi R, Ginzburg L R. 1989. Coupling in predator-prey dynamics: ratio-dependence. J Theor et Biol, 139: 311–326.

Arditi R, Ginzbur L R. 1989. Coupling in predator-prey dynamics: ratio-dependence. J Theor et Biol, 139: 311–326.

Bainov D D, Simeonov P S. 1989. System with Impulsive Effect: Stability, Theory and Applications. New York: John Wiley & Sons.

Barclay H J, Van den Driessche P. 1980. A model for a species with two life history stages and added mortality. Ecol Model, 11: 157–166.

Beddington J R. 1975. Mutual interference between parasites or predators and its effect on searching efficiency. J Animal Ecol, 44: 331–340.

Bence J R, Nisbet R M. 1989. Space limited recruitment in open systems: the importance of time delays. 70: 1434-1441.

Beretta E, Kuang Y. 1998. Global analysis in some delayed ratio-dependent predator-prey systems. Nonl Anal T M A, 32: 381–408.

Beretta E, Kuang Y. 2002. Geometric stability switch criteria in delay differential systems with delay dependent parameters. SIAM J Math Anal, 33: 1144–1165.

Berman A, Plemmons R J. 1996. Nonnegative Matrices in the Mathematical Sciences. New York: Academic Press. 83–105.

Bernardo J. 1996. Maternal effects in animal ecology. Amer Zool, 36: 83–105.

Botsford L W. 1992. Further analysis of Clark's delayed recruitment model. Bull Math Biol, 54: 275–293.

Breda D, Maset S, Vermiglio R. 2004. Efficient computation of stability charts for linear time delay systems. Research Report UDMI/13/RR.

Breda D, Maset S, Vermiglio R. 2005. Pseudospectral differencing methods for characteristic roots of delay differential equations. SIAM J Sci Comput, 27: 482–495.

Breda D, Maset S, Sechi D. Trace-DDE.Http://users.dimi.uniud.it/dimitri.breda/traceDDE.html

Bush A W, Cook A E. 1976. The effect of time delay and growth rate inhibition in the bacterial treatment of wastewater. J Theoret Biol, 63: 385–395.

Butler G J, Freedman H I, Waltman P. 1986. Uniformly persistent systems. Proc Amer Math Sco, 96: 425–430.

Cantrell R S, Cosner C. 2001. On the Dynamics of predator-prey models with the Beddington-DeAngelis functional response. J Math Anal Appl, 257: 206–222.

Cantrell R S, Cosner C. 2003. Spatial Ecology via Reaction-Diffusion Equations. John Wiley & Sons.

Cantrell R S, Cosner C, Ruan S G. 2004. Intraspecific interference and consumer-resource dynamics. Dyn Syst Ser B, 4: 527–546.

Cao Y, Fan J, Gard T C. 1992. The effects of state-structured population growth model. Nonlin Anal Th Meth Appl, 16: 95–105.

Caperon J. 1969. Time lag in population growth response of isochrysis galbana to a variable nitrate environment. Ecology, 50: 188–192.

Chitty D. 1960. Population proceses in the vole and their relevance to general theory. Can J Zool, 38: 99–113.

Chitty D. 1996. Do Lemmings Commit Suicide? Beautiful Hypotheses and Ugly Facts. Oxford Univer Press.

Clark C W. 1990. Mathematical Bioeconomics: The Optimal Management of Renewable Resources. 2nd ed. New York: Wiley.

Collet P, Eckmann J P. 1980. Iterated Maps of the Interval as Dynamical Systems. Boston: Birkhauser.

Cosner C, DeAngelis D L, Ault J S, et al. 1999. Effects of spatial grouping on the functional response of predators. Theor Popul Biol, 56: 65–75.

Coulson T, Godfray H C J. 2007. Single-species dynamics. *In* : May R M, McLean A R. Theoretical Ecology Principles and Applications. New York: Oxford University Press Inc. 17–34.

Crone E E, Taylor D R. 1996. Complex dynamics in experimental populations of an annual plant, Cardamine pensylvanica. Ecology, 77: 289–299.

Crone E E. 1997. Delayed density dependence and the stability of interacting populations and subpopulations. Theor Popu Biol, 51: 67–76.

Crone E E. 1997. Parental enviromental effects and cyclical dynamics in plant populations. Am Nat, 150: 708–729.

Crowley P H, Martin E K. 1989. Functional responses and interference within and between year classes of a dragonfly population. J the North American Benthological Society, 8: 211–221.

Cui J, Chen L. 2000. The effect of dispersal on population growth with stage-structure. Computers Math Applic, 39: 91–102.

Cunningham W J. 1954. A nonlinear differential-difference equation of growth. Proc Natl Acad Sci, 40: 708–713.

DeAngelis D L, Goldstein R A, Neill R. 1975. A model for trophic interaction. Ecology, 56: 881–892.

Dieudonné J. 1960. Foundations of Modern Analysis. New York: Academic Press.

Du Y H, Pang P Y H, Wang M X. 2008. Qualitative analysis of a prey-predator model with stage structure for the predator. Siam J Appl Math, 69: 596–620.

Du Y H, Pang P Y H, Wang M X. Qualitative analysis of a prey-predator model with stage structure for the predator. SIAM J Appl Math, in press.

Eckmann J P. 1983. Routes to chaos with special emphasis on period doubling. *In*: Iooss G et al. Chaotic Behaviour of Deterministic Systems. Amsterdam: Elsevier North Holland.

Emmert K E, Allen L J S. 2004. Population persistence and extinction in a discrete-time stage-structured epidemic model. Journal of Difference Equations and Applications, 10: 1177–1199.

Epstein I R. 1983. Oscillations and chaos in chemical systems. Physica D, 7: 47–56.

Fan M, Wang K, Jiang D Q. 1999. Existence and global attractivity of positive periodic solutions of periodic n-species Lotka-Volterra competition systems with several deviating arguments. Math Biosci, 47: 47–61.

Fan M, Kuang Y. 2004. Dynamics of a nonautonomous predator prey system with the Beddington-DeAngelis functional response. J Math Anal Appl, 295: 15–39.

Freedman H I, Ruan S. 1995. Uniform persistence in functional differential equations. J Diff Equa, 115: 173–192.

Freedman H I, Wu J H. 1991. Persistence and global asymptotic stability of single species dispersal models with stage structure. Quart Appli Math, 2: 351–371.

Freedman H I, Takeuchi Y. 1989. Predator survival versus extinction as a function of dispersal in a predator-prey model with patchy environment. Appl Anal, 31: 247–266.

Freedman H I, So J W H. 1989. Persistence in discrete semi-dynamical systems. SIAM J Math Anal, 20: 930–938.

Fujimoto H. 1998. Dynamical behaviors for population growth equations with delays. Nonal Anal, 31: 549–558.

Gambell R. 1985. Birds and Mammals-Antarctic Whales in Antarctica. Bonner W, Walton D, eds.. New York: Pergamon Press. 223–241.

Gao S J, Chen C L S. 2006. The effect of seasonal harvesting on a stage-structured discrete model with birth pulses. Internat J Bifur Chaos Appl Sci Engrg, 16: 2575–2586.

Georgescu P, Hsieh Y H. 2007. Global dynamics of a predator-prey model with stage structure for the predator. SIAM J Appl Math, 67: 1379–1395.

Ginzburg L R, Taneyhill D E. 1994. Population-cycles of forest lepidoptera– a maternal effect hypothesis. J Anim Ecol, 63: 79–92.

Ginzburg L R. 1998. Assuming reproduction to be a function of consumption raises doubts about some popular predator-prey models. J Anim Ecol, 67: 325–327.

Gopalsamy K. 1985. Globally asymptotic stability in a periodic Lotka-Volterra system. J Austral Math Soc Ser B, 29: 66.

Gopalsamy K. 1990. Stability criteria for the linear system $x(t)+A(t)x(t-\tau) = 0$ and an application to non-linear system. Int J Systems Sci, 21: 1841–1853.

Gopasalsamy K. 1985. Globally asymptotic stability in a periodic Lotka-Volterra systems. J Math Anal Appl, 159: 44–50.

Gourley S A, Kuang Y. 2004. A stage structured predator-prey model and its dependence on through-stage delay and death rate. J Math Biol, 49: 188–200.

Gourley S A, Kuang Y. 2005. A delay reaction-diffusion model of the Spread of bacteriophage infection. SIAM J Appl Math, 65: 550–566.

Gourley S A, Liu R S, Wu J H. 2007. Some vector borne diseases with structured host populations: extinction and spatial spread. SIAM J. Appl. Math., 67: 408–433.

Guckenheimer J, Oster G, Ipaktchi A. 1977. The dynamics of density dependent population models. J Math Biol, 4: 101–147.

Gu K, Niculescu S I, Chen J. 2005. On stability crossing curves for general systems with two delays. J Math Anal Appl, 311: 231–253.

Gurney W S C, Blythe S P, Nisbet R M. 1980. Nicholson's blowflies revisited. Nature, 287: 17–21.

Gurney W S C, Nisbet R M, Lawton J H. 1983. The systematic formulation of tractable single species population models incorporating age structure. J Animal Ecol, 52: 479–495.

Gurney W S C, Nisbet R M. 1985. Fluctuating peridicity, generation separation, and the expression of larval competition. Theoret Pop Biol, 28: 150–180.

Hale J K. 1977. Theory of Functional Differential Equations. Berlin: Springer-Verlag.

Hale J K, Lopes O. 1973. Fixed point theorems and dissipative processes. J Differential Equations, 13: 391–395.

Hale J K, Waltman P. 1989. Persistence in infinite-dimensional systems. SIAM J Math Anal, 20:

388–395.

Hale J K. 1993. Introduction to functional-differential equations. Applied Mathematical Sciences. New York: Springer-Verlag.

Hassell M P, Varley C C. 1969. New inductive population model for insect parasites and its bearing on biological control. Nature, 223: 1133–1137.

Hastings A. 1983. Age-dependent predation is not a simple process, I, continuous time models. Theor Popul Biol, 23: 347–362.

Hastings A. 1984. Delay in recruitment at different trophic levels: effects on stability. J Math Biol, 21: 35–44.

Hauser M J B, Olsen L F, Bronnikova T V, et al. 1997. Routes to chaos in the peroxidase-oxidase reaction: period-doubling and period-adding. J Phys Chen B, 101: 5075–5083.

Hirsch M W, Smith H L, Zhao X Q. 2001. Chain transivity, attractivity and strong repellors for semidynmical systems. J Dynamics and Differential Equations, 13: 107–131.

Hofbauer J, Hutson V, Jansen W. 1987. Coexistence for system governed by difference equations of Lotka-Volterra type. J Math Biol, 25: 553–570.

Hofbauer J, Sigmund K. 1988. The Theory of Evolution and Dynamical Systems. Cambridge: Cambridge Univ Press.

Hofbauer J, So J W H. 1989. Uniformal persistence and repellors for maps. Proc Amer Math Soc, 107: 1137–1142.

Holling C S. 1959. The components of predation as revealed by a study of small mammal predation of the European pine sawfly. Canadian Entomologist, 91: 293–320.

Holling C S. 1959. Some characteristics of simple types of predation and parasitism. Canadian Entomologist, 91: 385–395.

Holyoak M. 1994. Identifying delayed density-dependence in time-series data. Oiks, 70: 296–304.

Hornfeldt B. 1994. Delayed density-dependence as a determinant of vole cycles. Ecology, 75: 791–806.

Hsu S B, Hubbell S P, Waltman P. 1978. A contribution to the theory of Competing predators. Ecological Monographs., 35: 617–625.

Hsu S B, Hubbell S P, Waltman P. 1978. Competing predators. SIAM J Appl Math, 35: 617–625.

Hutchinson G E. 1948. Circular causal systems in ecology. Annals of the New York Academy of Sciences, 50: 221–246.

Hung Y F, Yen T C, Chern J L. 1995. Observation of period-adding in an optogalvanic circuit. Phys Let A, 199: 70–74.

Huo H, Li W, Agarwal R P. 2001. Optimal harvesting and stability for two species stage-structured system with cannibalism. International J Appl Math, 6: 59–79.

Hutson V, Moran W. 1982. Persistence of species obeying difference equations. J Math Biol, 15: 203–212.

Hwang Z W. 2003. Global analysis of the predator-prey system with Beddington-DeAngelis functional response. J Math Anal Appl, 281: 395–401.

Hwang Z W. 2004. Uniqueness of limit cycles of the predator-prey system with Beddington-DeAngelis functional response. J Math Anal Appl, 290: 113–122.

Inchausti P, Ginzbur L R. 1998. Small mammals cycles in northern Europe: patterns and evidence for a maternal effect hypothesis. J Anim Ecol, 67: 180–194.

John T L. 1996. Variational Calculus and Optimal Control. New York: Springer.

Kaneko K. 1982. On the period-adding phenomena at the frequency locking in a one-dimensional mapping. Prog Theor Phys, 69: 403–414.

Kaneko K. 1983. Similarity structure and scaling property of the period-adding phenomena. Prog Theor Phys, 69: 403–414.

Keeling M J, Howard B W, Pacala S W. 2000. Reinterpreting space, time lags, and functional responses in ecological models. Science, 290: 1758–1761.

Kot M. 2001. Elements of Mathematical Ecology. Cambridge: Cambridge University Press.

Krasnoselskii M A. 1968. The operator of translation along trajectories of diferential equations, Translations of Math.Monographs, V19. Providence: Am. Math. Soc.

Kuang Y. 1990. Global stability of Gause-type predator-prey systems. J Math Biol, 28: 463–474.

Kuang Y. 1993. Delay Differential Equations with Applications in Population Dynamics. Academic Press, INC.

Kuang Y, Beretta E. 1998. Global qualitative analysis of a ratio-dependent predator-prey system. J Math Biol, 36: 389–406.

Landahl H D, Hanson B D. 1975. A three stage population model with cannibalism. Bull Math Biol, 37: 11–17.

Lakmeche A, Arino O. 2000. Bifurcation of non trivial periodic solutions of impulsive differential equations arising chemotherapeutic treatment. Dynamics of Continuous, Discrete and Impulsive Systems, 7: 165–287.

Laksmikantham V, Bainov D D, Simeonov P S. 1989. Theory of Impulsive Differential Equations. Singapore: World Scientific.

Leung A W. 1995. Optimal harvesting-coefficient control of steady-state prey-predator diffusive Volterra-Lotka system. Appl Math Optim, 31: 219.

Li J, Kuang Y, Mason C. 2006. Modeling the glucose-insulin regulatory system and ultradian insulin secretory oscillations with two time delays. J Theor Biol, 242: 722–735.

Li J, Kuang Y. 2007. Analysis of a model of the glucose-insulin regulatory system with two delays. SIAM J Appl Math, 67: 757–776.

Li J Q, Ma Z E, Zhang F Q. 2008. Stability analysis for an epidemic model with stage structure. Nonlinear Anal Real World Appl, 9: 1672–1679.

Li M Y, Shuai Z S, Wang C C. 2010. Global stability of multi-group epidemic models with distributed delays. J Math Anal Appl, 361: 38–47.

Liu S, Kouche M, Tatar N. 2005. Permanence and global asymptotic stability in a stage structured system with distributed delays. J Math Anal Appl, 301: 187–207.

Liu S Q, Chen L S, Luo G L, et al. 2002. Asymptotic behavior of competitive Lotka-Volterra system with stage structure. J Math Anal Appl , 271: 124–138.

Liu S Q, Chen L S. 2002. Extinction and permanence in competitive stage-structured system with time-delay. Nonli Anal, 51: 1347–1361.

Liu S Q, Chen L S. 2002. Necessary-sufficient conditions for permanence and extinction in Lotka-Volterra sytem with discrete delays. Appl Anal, (81): 575–587.

Liu S Q, Chen L S, Liu Z J. 2002. Extinction and permanence in nonautonomous competitive system with stage structure. J Math Anal Appl, (274): 667–684.

Liu S Q, Chen L S, Luo G L, et al. 2002. Asymptotic behavior of competitive Lotka-Volterra system with stage stucture. J Math Anal Apll, 271: 124–138.

Liu S Q, Chen L S, Agarwal R. 2002. Recent progress on stage-structured population dynamics. Math Compt & Modelling, 36: 1319–1360.

Liu S Q, Chen L S, Luo G L, 2002. Extinction and permanence in competitive stage structured system with time delays. Nonl Anal T M A, 51: 1347–1361.

Liu S Q, Chen L S. 2002. Permanence, extinction and balancing survival in nonautonomous Lotka-Volterra system with delays. Appl Math Comput, 129: 481–499.

Liu S Q, Beretta E. 2006. Stage-structured Predator-prey model with the Beddington-DeAngelis functional response. SIAM J Appl Math, 66: 1101–1129.

Liu S Q, Beretta E. 2006. Competitive systems with stage structure of distributed-delay type. J Math Anal Appl, 323: 331–343.

Liu S Q, Wang L. Global Properties of HIV-1 Dynamics with Delays in Cell Infection and Virus Production. Preprint.

Liu S Q, Zhang J H. 2008. Coexistence and stability of predatorprey model with Beddington-DeAngelis functional response and stage structure. J Math Anal Appl, 342: 446–460.

Li X, Li D. 1996. Popualation viability analysis for the crested Ibis(Nipponia nippon). Chinese Biodiversity, 4: 69–77.

Lu Z, Chen L S. Global attractivity of nonautonomous inshore-offshore fishing model with stage-structure. Appli Anal, in press.

Lu Z, Chen L S. 2002. Global attractivity of nonautonomous inshore-offshore fishing model with stage-structure. Appli Anal, 81: 589–605.

Lu Z, Takeuchi Y. 1994. Permanence and global attractivity for competitive Lotka-Volterra system with delay. Nonl Anal, 22: 847–856.

Lu Z, Wang W. 1999. Permanence and global attractivity for Lotka-Volterra difference systems. J Math Biol, 39: 269–282.

Liu Z, Yuan R. 2004. Stability and bifurcation in a delayed predator-prey system with Beddington-DeAngelis functional response. J Math Anal Appl, 296: 521–537.

Magnnusson J G. 1997. Oscillations in a stage structured predator-prey system with cannibalism. In: Chen L S, Ruan S G, Zhu J. Advanced Topics in Biomathematics. World Scientific. 195–200.

Magnnusson J G. 1999. Destabilizing effect of cannibalism on a structured predator-prey system. Math Biosci, 155: 61–75.

Martin A, Ruan S. 2001. Predator-prey models with delay and prey harvesting. J Math Biol, 43: 247–267.

Ma Z E, Zhou Y C, Wu J H. 2009. Modeling and Dynamics of Infectious Diseases (Series in Contemporary Applied Mathematics). World Scientific Publishing Company.

May R M. 1974. Biological populations with nonoverlapping generations: stable points, stable cycles, and chaos. Science, 186: 645–647.

May R M. 1975. Stability and Complexity in Model Eco-Systems. Princeton: Princeton Univ Press.

May R M, Oster G F. 1976. Bifurcations and dynamic complexity in simple ecological models. Amer Natur, 110: 573–599.

McCluskey C C. 2008. Complete global stability for an SIR epidemic model with delay– Distributed or discrete, Nonlinear Analysis: Real World Applications, in press: doi:10.1016/j.nonrwa.10.014.

McCluskey C C. 2009. Global stability for an SEIR epidemiological model with varying infectivity and infinite delay. Math Biosci and Eng, 6: 603–610.

Mousseau T, Dingle H. 1991. Maternal effects in insect life histories. Annu Rev Entomol, 35: 511–534.

Mousseau T, Fox C W. 1998. Maternal Effects as Adaptations. Oxford: Oxford Univer Press. 42–53.

Montes De Oca F, Zeeman M L. 1995. Blancing survival and extinction in nonautonomous competitive Lotka-Volterra systems. J Math Anal Appl, 192: 360–370.

Montes De Oca F, Zeeman M L. 1996. Extinction in nonautonomous competitive Lotka-Volterra system. Proc Amer Math Soc, 124: 3677–3687.

Moxnes E. 1998. 'Stockfish', a multi-species model for stochastic analysis. *In*: Rodseth T. Models for Multi-Species Management. Würzburg: Physica-Verlag.

Murray J D. 1989. Mathematical Biology. Springer-Verlag. 9.

Ortega R. 1995. On the number of positive periodic solutions for planar competing Lotka-Volterra systems. J Math Anal Appl, 193: 975–978.

Ou L, Luo G, Jiang Y, et al. 2003. The asymptotic behaviors of a stage-structured autonomous predator-prey system with time delay. J Math Anal Appl, 283: 534–548.

OUlltang. 1996. Stock assessment and biological knowledge: can prediction uncertainty be reduced? ICES J Mar Sci, 53: 659.

Paneyya J C. 1996. A mathematical model of periodically pulsed chemotherapy: tumor recurrence and metastasis in a competition environment. Bulletion of Math Biol, 58: 425–447.

Pradhan T, Chandhari K S. 1999. Bioeconomise nodelling of selective harvesting in an inshore-offshore fishery. Differential Equations and Dynamical Systems, 7: 305–320.

Qiu Z P, Yu J, Zou Y. 2004. The asymptotic behavior of a chemostat model with the Beddington-Deangelis functional response. Math Biosc, 187: 175–187.

Reeve J D. 1997. Predation and bark beetle longterm dynamics. Oecologia, 112: 48–54.

Roach D, Wulff R. 1987. Maternal effects in plants. Annu Rev Ecol Syst, 18: 209–236.

Rossiter M. 1994. Maternal effects hypothesis of herbivore outbreaks. Bioscience, 44: 752–762.

Ruan S. 2001. Absolute stability, conditional stability and bifurcation in Kolmogorov-type predator-prey systems with discrete delays, Quart Appl Math, 59: 159–173.

Ruan S. 2009. On nonlinear dynamics of predator-prey models with discrete delay. Mathematical Modelling of Natural Phenomena, 4: 140–188.

Ruan S, Wei J. 2003. On the zeros of transcendental functions with applications to stability of delay differential equations with two delays. Dynamics of Continuous, Discrete and Impulsive Systems Series A: Mathematical Analysis, 10: 863–874.

Ruan S, Xiao D. 2001. Global analysis in a predator-prey system with nonmonotonic functional response. SIAM J Appl Math, 61: 1445–1472.

Ruxton G, Gurney W S C, DeRoos A. 1992. Interference and generation cycles. Theoret Population Biol, 42: 235–253.

Ryan S, Knechtel C, Getz W. 2007. Ecological cues, gestation length and birth timing in African Buffalo(Syncerus caffer). Behavioral Ecology, 18: 635-644.

Saito Y, Ma W, Hara T. 2001. Necessary and sufficient condition for permanence of a Lotka-Volterra discrete system with delays. J Math Anal Appl, 256: 162–174.

Saito Y, Hara T, Ma W. Harmless delays for permanence and impersistence of Lotka-Volterra discrete predator-prey system. Nonli Anal, to appear.

Shulgin B, Stone L, Agur Z. 1998. Pulse vaccination strategy in the SIR epidemic model. Bulletin of Math Biol, 60: 1–26.

Skalski G T, Gilliam J F. 2001. Functional responses with predator interference: viable alternatives to the Holling type II model. Ecology, 82: 3083–3092.

Smith C, Reay P. 1999. Cannibalism in teleost fish. Rev Fish Biol Fisheries, 1: 41.

Smith H L. 1986. Cooperative systems of differential equation with concave nonlinearities. Nonlin Anal T M A, 10: 1037–1052.

Smith H L. 1987. Monotone semiflow, generated by functional differential equations. J Differential Equation, 66: 420–442.

Smith H L. 1995. Monotone Dynamical System, Mathematical Surveys and Monographs, V41. Providence: Am. Math. Soc.

Song X, Chen L. 2001. Optimal harvesting and stability for a two species competitive system with stage structure. Math Biosci, 170: 173–186.

Song X, Chen L. Modelling and analysis of a single species system with stage structure and harvesing. Math Comput Model, in press.

Song X, Chen L. A predatory-prey system with stage structure and harvesting for prey. Acta Math Applic Sinica, to appear.

Song X, Chen L. On predatory-prey system with stage structure and two delays. J Syst Sci Comple, to appear.

Song X Y, Xiang Z Y. 2006. The prey-dependent consumption two-prey one-predator models with stage structure for the predator and impulsive effects. Journal of Theoretical Biology, 242: 683–698.

Spencer P H, Collie J S. 1994. A simple predator-prey model of exploited marine fish populations incorporating alternate prey. ICES J Mar Sci, 53: 615.

Takeuchi Y. 1996. Global Dynamical Properties of Lotka-Volterra Systems. Singapore: World Scientific.

Tang B, Kuang Y. 1996. Permanence in Kolmogorov type systems of nonautonomous functional differential equation. J Math Anal Appl, 197: 427–447.

Tang S, Xiao Y. 2001. Permanence in Kolmogorov-type systems of delay difference equations. J Differ Equa Appl, 7: 1–15.

Tang S Y, Chen L S. 2002. Density-dependent birth rate, birth pulses and their population dynamic consequences. J Math Biol, 44: 185–199.

Taussky O. 1949. A recurring theorem on determinants. Amer Math Monthly, 56: 672–676.

Teng Z D, Yu Y H. 2000. Some new results of nonautonomous Lotka-Volterra competitive system with delays. J Math Anal Appl, 241: 254–275.

Tineo A. 1992. On the asymptotic behavior of some population models. J Math Anal Appl, 167: 516–529.

Tineo A. 1995. An iterative scheme for the N-competing species problem. J of Differential Equations, 116: 1–15.

Tineo A. 1996. On the asymptotic behavior of some population models II. J Math Anal Appl, 197:

249–258.

Thieme H R. 1993. Persistence under relaxed Point-dissipativity(with application to an endemic model). SIAM J Math Anal, 24: 407–435.

Tjelmeland S, Bogstad B. 1998. Biological modelling. *In*: Rodseth T. Models for Multispecies Management. Würzburg: Physica-Verlag.

Tognetti K. 1975. The two stage stochastic model. Math Biosci, 25: 195–204.

Turchin P. 1990. Rarity of density dependence or population regulation with lags? Nature, 334: 660–663.

Turchin P, Taylor A. 1992. Complex dynamics in ecological time series. Ecology, 73: 289–305.

Vance R R, Coddington E A. 1989. A nonautonomous model of population growth. J Math Biol, 27: 491–506.

Waltman E C. 1983. Competition models in population biology. CBMS-NSF, SIAM, 45: 14–30.

Waltman P. 1989. A brief survey of persistence in infinite-dimensional system. SIAM J Math Anal, 20: 388–395.

Wang M X. 2008. Stability and hopf bifurcation for a prey – predator model with prey-stage structure and diffusion. Mathematical Biosciences, 212: 149–160.

Wang W, Chen L. 1997. A predator-prey system with stage structure for predator. Computers Math Applic, 33: 83–91.

Wang W, Fergola P, Tenneriello C. 1997. Global attractivity of periodic solutions of population models. J Math Anal Appl, 211: 498–511.

Wang W. 1992. Persistence in a discrete model with delays. J Southwest China Normal University, 17: 13–18.

Wang W. 1998. Global dynamics of a population model with stage structure a predator-prey system with stage structure for predator. *In*: Chen L, Ruan S, Zhu J. Advanced Topics in Biomathematics. World Scientific. 253-257.

Wang W, Ma Z. 1991. Harmless delays for uniform persistence. J Math Anal Appl, 158: 256–268.

Wang W, Mulone G, Salemi F, et al. 2001. Permanence and stability of a stage-structured predator-prey model. J Math Anal Appl, 262: 499–528.

Wang S, Qu Y, Jing Z, et al. 1997. Research on the suitable living environment of the Rana temporaria chensinensis larva. Chinese J Zoology, 18: 113–120.

William W Murdoch, Cheryl J. 2003. Briggs, and Roger M. Nisbet. Consumer- Resource Dynamics, Monographs in Population Biology #36. Princeton University Press.

Wood S N, Blythe S P, Gurney W S C, et al. 1989. Instability in mortality estimation schemes related to stage-structure population models. IMA J Math Appl in Medicine and Biology, 6: 47–68.

Xiao Y N , Chena L S, Ven Den Boschb F. 2002. Dynamical behavior for a stage-structured SIR infectious disease model. Nonlinear Analysis: Real World Applications, 3: 175–190.

Yoshizawa T. 1975. Stability Theory and the Existence of Periodic Solutions and Almost Periodic Solutions. New York: Springer-Verlag.

Yu. S. Koslesov. 1983. Properties of solutions of a class of equations with lag which describe the dynamics of change in the population of a species with the age structure taken into account. Math USSR Sb, 45: 91–100.

Zeeman M L. 1993. Hopf bifurcations in competitive three-dimensional Lotka–Volterra systems.

Dynamics Stability Systems, 6: 189–217.

Zeeman M L. 1995. Extinction in competitive Lotka-Volterra systems. Proc of Amer Math Soc, 1: 87–96.

Zhang X, Chen L, Neumann A U. 2000. The stage-structured predator-prey model and optimal harvesting policy. Math Biosci, 168: 201–210.

Zhao X Q. Permanence implies the existence of interior periodic solutions for FDEs. Qual Theor Diff Eqs Appl, 即将出版.

Zhao X Q. 1995. Uniform persistence and periodic coexistence states in infinite-dimensional periodic semiflows with applications. Canadian Applied Math Quarterly, 3: 473–495.

Zhao X Q. 1996a. Asymptotic behavior for asymptotically periodic semiflows with applications. Comm Appl Nonl Anal, 3: 43–66.

Zhao X Q. 1996b. Global attractivity and stability in some monotone discrete dynamical systems. Bull Austral Math Soc, 53: 305–324.

Zhao X Q. 2003. Dynamical Systems in Population Biology. New York: Springer-Verlag.

Zhang H, Chen L S, Nieto J J. 2008. A delayed epidemic model with stage-structure and pulses for pest management strategy. Nonlinear Analysis: Real World Applications, 9: 1714–1726.

Zhang T L, Teng Z D. 2008. Pulse vaccination delayed SEIRS epidemic model with saturation incidence. Appl Math Model, 32: 1403–1416.

Zhou Y. 1997. Analysis on decline of wild alligator sinensis population. Sichuan J Zoology, 16: 137–139.

Zhu H, Campbell S A, Wolkowicz G S K. 2005. Bifurcation analysis of a predator-prey system with nonmonotonic fuctional response. SIAM J Appl Math, 63: 636–682.

《生物数学丛书》已出版书目

（按出版时间排序）